天体闪耀时

韦布望远镜太空探索全记录

[英]玛吉·阿德琳－波科克 —— 著
(Maggie Aderin-Pocock)

符 磊 —— 译

江苏凤凰科学技术出版社·南京

图书在版编目（CIP）数据

天体闪耀时 ： 韦布望远镜太空探索全记录 / （英）玛吉·阿德琳－波科克著 ； 符磊译. -- 南京 ： 江苏凤凰科学技术出版社， 2025. 7. -- ISBN 978-7-5713-5318-6

Ⅰ. P12；TH751

中国国家版本馆 CIP 数据核字第 2025WZ2202 号

天体闪耀时　韦布望远镜太空探索全记录

著　　者	[英] 玛吉·阿德琳－波科克（Maggie Aderin-Pocock）
译　　者	符　磊
责任编辑	沙玲玲　杨嘉庚
责任设计	蒋佳佳
责任校对	罗章莉
责任监制	刘文洋
出版发行	江苏凤凰科学技术出版社
出版社地址	南京市湖南路 1 号 A 楼，邮编：210009
出版社网址	http://www.pspress.cn
印　　刷	南京新世纪联盟印务有限公司
开　　本	880 mm × 1 230 mm　1/16
印　　张	13.75
插　　页	4
字　　数	260 000
版　　次	2025 年 7 月第 1 版
印　　次	2025 年 7 月第 1 次印刷
标准书号	ISBN 978-7-5713-5318-6
定　　价	168.00 元（精）

图书如有印装质量问题，可随时向我社印务部调换。

WEBB'S UNIVERSE

THE SPACE TELESCOPE IMAGES THAT REVEAL OUR COSMIC HISTORY

献给洛莉（Lori），你的成长是我心中的喜乐之源，
这个世界因为有你而变得更加美好。

致谢

作为一名阅读障碍者，写作对我来说是一件非常困难的事，因此我想感谢所有使这本书得以面世的人。首先，我要感谢莎拉·怀尔德（Sarah Wild），她敏锐的洞察力和睿智的建议帮助我把杂乱无章的想法变得清晰起来。人们常说，一图胜千言，因此我也要感谢插画家彼得·利迪亚德（Peter Liddiard），以及杰出的设计师安娜·比耶赞切维奇（Ana Bjezancevic）和芭芭拉·沃德（Barbara Ward），他们优秀的设计使一些复杂的概念得以生动地呈现出来。特别感谢本书的编辑乔·斯坦索尔（Jo Stansall）和露西·斯图尔德森（Lucy Stewardson），他们为本书的编辑出版辛勤工作，并承受了因为我延迟交稿而带来的所有压力。最后，请允许我将感谢献给我们令人惊叹的宇宙，其复杂和壮丽之美从未停止过激发我的灵感和敬畏之心，我会在接下来的内容中将这种美以最适宜的方式呈现给大家。

右图　用于生成这幅图像的数据是科学家在詹姆斯·韦布空间望远镜（以下简称韦布望远镜）发射早期测试仪器时收集的。

目录

左图 鹰状星云中的创生之柱远比肉眼所见的复杂。这幅图像结合了来自韦布望远镜、钱德拉 X 射线天文台（以下简称钱德拉望远镜）、哈勃空间望远镜（以下简称哈勃望远镜）、斯皮策空间望远镜（以下简称斯皮策望远镜）、XMM- 牛顿望远镜以及欧洲南方天文台（ESO）的一些望远镜的数据。

引言

上图 发射倒计时，控制室里的科学家在期待着历时20多年的韦布望远镜项目的最终成果。

左页图 2021年12月25日，韦布望远镜搭乘阿丽亚娜5型火箭升空。

2021年的圣诞节对我来说仍然记忆犹新，但这既不是因为我看到女儿在收到圣诞老人礼物后的喜悦，也不是因为我自己收到了心爱的礼物。事实上，这一天对我和全球成千上万名科学家、工程师和技术专家来说，是非常紧张的一天。历经多次推迟发射，雄心勃勃的韦布望远镜终于即将搭载阿丽亚娜5型火箭离开地球。这台庞大的望远镜被折叠在火箭内部，并以超过35 400千米每小时的速度在太空中飞行。大约30分钟后，韦布望远镜与火箭分离，并小心翼翼地进入展开程序，就如同那天我们许多人打开自己的圣诞礼物包装纸一样。

从韦布望远镜离开地球表面的那一刻起，到它正式工作前，还有超过300个步骤，其中任何一个步骤失败，都有可能使这个耗资近百亿美元的天文台前功尽弃。因此，我和许多参与该项目的人坐在家中观看发射时，都屏住呼吸，希望一切顺利。即使在它成功发射、进入太空后，我们仍然紧张地等待了几周的时间，看它能否顺利完成复杂的展开程序。

下图　在美国得克萨斯州展出的韦布望远镜全尺寸模型。

在此期间，我们什么都做不了，只能祈祷它在遥远的太空中顺利展开并正常工作，为我们打开期盼已久的新的宇宙之窗。

虽然发生了一些小故障，但值得庆幸的是，韦布望远镜最终在2022年1月8日顺利完成部署，做好了进行科学观测的准备。等待是漫长而紧张的，但结果是令人欣慰的，这是我们所有项目参与人员所能期待的最好的礼物，虽然它迟到了。现在，远离地球和月球的韦布望远镜正引领天文学迈进新时代。

与该项目的持续时间相比，我在其中工作的时间相对短暂，但我在参与项目的整个过程中，时刻都能感受到自己肩负的神圣使命。作

为一名空间科学家，我有幸参与过多个空间科学任务：既俯瞰地球，以监测我们的星球上正在发生的许多变化；也遥望太空，以了解我们在宇宙中的位置。但韦布望远镜因其规模庞大、牵涉范围极广且具有巨大的潜力，格外引人注目。

韦布望远镜是迄今为止人类建造的最强大的空间望远镜，参与研制的科学家和工程师团队遍布全球，规模超过1万人。大家心里都非常清楚，它有可能为人类对宇宙的认识带来革命，并帮助我们解开一些数十年来一直困扰着科学家的谜团。我和我的团队致力于上面搭载的近红外光谱仪（NIRSpec）的研制工作，这是一个由许多子系统组成的复杂装置，用于分析近红外光——稍后我会更详细地讨论这一点。

自发射以来，韦布望远镜一直在拍摄令人惊叹的宇宙图像。其科学任务包括研究太阳系起源以及宇宙如何作为一个整体而存在等，这台望远镜正在发挥其科学潜力，不断为我们提供新的线索。但这台有史以来最强大的空间望远镜是如何诞生的呢？在哈勃望远镜取得巨大成功之后，为什么要建造一台红外望远镜而不是另一台光学望远镜呢？韦布望远镜是如何工作的，它所拍摄的图像又揭示了宇宙的哪些奥秘？

韦布望远镜是人类迄今为止最雄心勃勃的空间望远镜项目，但它事实上只是人类太空探索之旅的延续，地球上存在过的每种文化都曾参与其中。人类一直仰望星空，试图解开未知世界的秘密。最初，我们创造神话来解释我们所看到的一切，但随着时间的推移，我们开始希望根据观测到的现象来理解宇宙。从这个意义上说，仰望星空一直伴随着人类文明的发展。随着科学技术的进步，我们的观测手段不断丰富，观测能力也在提高，而且，通常是我们希望理解宇宙的欲望在不断推动我们开发更多样、更精密的仪器。

现在，韦布望远镜正在我们肉眼不可见的波长上观测宇宙，这是观测宇宙的新视角。正是因为有了韦布望远镜，我们才能看清宇宙中一些最有趣的地方，比如正在孕育新恒星的尘埃云。

我希望通过这本书向大家展示韦布望远镜带来的奇迹——它精巧到难以想象的设计和无与伦比的潜力，以及它传回地球的具有颠覆性意义的图像和数据。我将以项目参与者的视角，从韦布望远镜的设计构思阶段开始，一直讲到其所观测到的遥远宇宙，带领大家开启一场不一样的太空之旅。

01 韦布望远镜的前世今生

上图 在这张由美国国家航空航天局（NASA）的地球观测站拍摄的照片中，地球大气中的旋涡云清晰可见。地球大气会吸收红外辐射。

地球表面并不是观测宇宙的最佳地点。我们的星球被一层由氮气、氧气和其他多种气体组成的大气包围。对地球上的所有生命来说，大气是非常重要的屏障，它不仅提供了我们赖以生存的氧气，还可以调节地球的温度，并保护地球生命免受来自太阳和宇宙线的高能辐射、高能粒子的伤害。如果没有大气，强烈的太阳辐射会将土地烤焦，同时，因为没有足够的压强，地表也不会存在液态水——我们所知的生命将不复存在。

尽管大气对地球生命有着至关重要的保护作用，但它其实并不厚。大气的大部分质量都集中在最底部的对流层，其平均厚度约为 12 千米。整体而言，大气向上延伸至大约 100 千米的高度。这个数字与地球近 13 000 千米的直径相比，显得微不足道，我们可以把大气看成一层薄薄的鸡蛋壳。

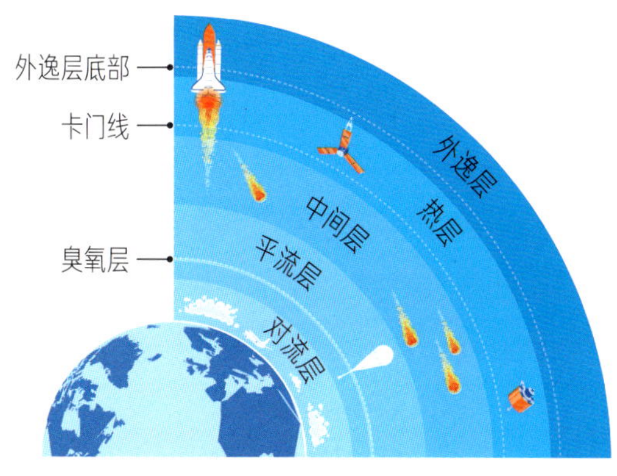

上图 大气保护地球生命免受太阳辐射的影响，位于海拔 100 千米处的卡门线被认为是大气和太空的分界线。

不过，大气虽然薄，却可以吸收、削弱和扭曲许多来自太空（包括来自太阳和其他所有天体）的信号，极大地影响对天体的观测。事实上，我们可以直接通过肉眼看到某些因信号扭曲产生的畸变效应。大气的吸收和削弱作用会屏蔽地球周围大片太空区域所发出的特定波段的信号，尤其是对于可见光范围之外的波段。透过大气来观测宇宙，就像戴着脏眼镜远眺一样。当然，除了大气的影响，城市灯光、广播信号和其他各种无线电信号等人类活动产生的信号，也会干扰来自太空的信号，甚至将其淹没。这就像在一个明亮的房间里很难看见手电筒发出的微弱光线一样。

地基望远镜已经变得越来越先进和令人印象深刻——它们的观测灵敏度越来越高，数据终端设备的性能也越来越强，但无论如何它们也无法突破大气的固有限制。这就是为什么过去几十年来人们一直致力于开发像哈勃望远镜和韦布望远镜这样的空间望远镜，它们都位于大气这道屏障之外。

空间望远镜

空间望远镜是设置在大气外进行天文观测的望远镜，它们既不受大气的限制，也远离因人类活动而产生的干扰信号，可以获得精确的天文数据。1946 年，美国天文学家和理论物理学家斯皮策创造性地提出了“地外天文台”的构想，认为这种设备可以克服地基望远镜在观测中面临的许多挑战。

下图 美国天文学家莱曼·斯皮策（Lyman Spitzer）于 1946 年首次提出了建造“地外天文台”的构想。

这是一个非常大胆的想法。要知道，那时人类甚至还没能将一颗人造卫星成功地送入太空。直到 20 年后，人类才开始将“轨道天文台”部署到大气之外，但斯皮策的想法是后来人类将众多天文台送入太空的根基。

当然，突破大气限制、获得清晰无碍的太空视野是有代价的。空间望远镜往往造价高昂，并且功能也受到限制。送入太空的每千克物体的成本都很高——既包括建造成本，也包括送入轨道的成本，这意味着当航天机构发射空间望远镜时，他们必须仔细权衡想要搭载的每一台仪器和设备的利弊，并做出取舍。

如果没有这些太空中的“眼睛”，我们就无法看到宇宙中的许多奇迹，地球生命的起源、物质本身的性质等诸多问题可能永远无法找到答案。通过为韦布望远镜量身定制的仪器，可以看到地基望远镜看不到的、被大气屏蔽的宇宙图景，这使我们能够以前所未有的深度来了解宇宙。

借助先进的技术，我们现在能够看到银河系之外很远的地方。哈勃望远镜被许多人视为韦布望远镜的前辈，它帮助我们估计宇宙中星系的数量。科学家根据哈勃望远镜的数据得到的结论是，在可观测宇宙中有 1 000 亿—2 000 亿个星系，其中绝大多数星系正在离我们远去，这些星系共同组成了一个不断膨胀的浩瀚宇宙。有了韦布望远镜，我们对宇宙的认识将揭开新的篇章。

彩虹的外缘

我们的宇宙中弥漫着辐射，有些辐射我们肉眼可见，有些则不可见。恒星和其他天体发出辐射的形式多种多样，它们[①]都是电磁波谱的一部分。辐射能在真空中传播，这一点对天文学家来说至关重要：我们可以通过分析辐射来了解宇宙。

电磁波谱中不同波段的电磁波能量各不相同，它们的能量大小由波长决定。

例如，离我们最近的恒星——太阳，会发出一系列不同波长的电磁波。短波长的电磁波能量更高，比如 γ 射线和 X 射线，这些电磁波会对人体细胞造成严重损害，所以我们要尽量避免与它们接触。在电磁波谱的中间位置，是能量较低的紫外线、可见光和红外线（即红外辐射）。我们的肉眼可以看到可见光，而涂抹防晒霜可以保护皮肤免受紫外线的伤害。在电磁波谱的低能端，是波长较长的无线电波。所有

① 这里的“辐射”和“它们”指电磁辐射。电磁辐射是能量以电磁波形式由源发射到空间或以电磁波形式在空间传播的现象。电磁辐射与电磁波这两个词在很多情况下可以通用。

下图　可见光在整个电磁波谱中只占很小的一部分。

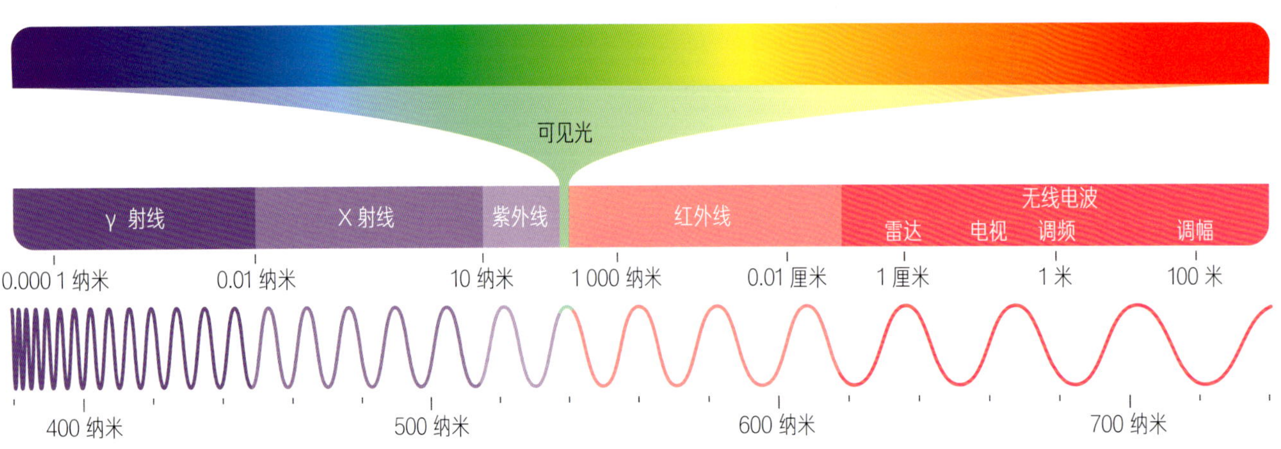

这些不同类型的电磁波遍布宇宙。

电磁波的波长跨度极大，不同波长的电磁波使我们能够以完全不同的方式来观测宇宙。在过去很长一段时间里，天文观测主要使用的电磁波波长都位于可见光波段——这很容易理解，因为我们可以用肉眼直接看到它们。随着技术的进步，我们已经可以制造出能接收其他波段电磁波的仪器。然而，并非所有波段的电磁波都能穿透大气，因此，为了获得全波长范围的电磁波，工作在某些波段的探测器需要发射到太空中，在大气之外观测宇宙。

在发射到太空的数以百计的探测器中，有许多都是用来研究由于大气阻拦而难以从地球上直接观测的波段的。当然，将观测可见光波段的探测器部署在大气上方也有助于对抗大气的畸变效应，从而获得更清晰的图像。

韦布望远镜在红外波段工作，它所观测的红外辐射不能完全穿透大气，也就是说，地面上接收到的来自太空的红外信号会非常弱。这导致我们必须接受一个残酷的现实：在地球表面，来自太空的微弱红外信号会淹没在地球和太阳红外信号的汪洋大海中。因此，为了保证韦布望远镜高效工作，不受非目标红外辐射源的影响，我们将其部署在距离地球约 150 万千米的遥远太空，同时还采取了许多其他防干扰措施。

下图 这张照片是科学家在韦布望远镜进入太空后拍摄的。这台望远镜离地球太远，在它与航天器分离后，无法派人前去维修上面发生的机械故障。

GODDARD
SPACE
FLIGHT
CENTER

韦布望远镜的前辈

在韦布望远镜之前，还有一些重要的空间科学项目，它们的成功为韦布望远镜顺利开展科学工作奠定了基础。

哈勃望远镜

美国国家航空航天局的哈勃望远镜于 1990 年进入预定轨道，并持续将其拍摄的壮丽图像传回地球。它以美国著名天文学家埃德温·哈勃（Edwin Hubble）的名字命名，哈勃的主要贡献是帮助我们理解了宇宙的庞大规模并给出了宇宙膨胀的证据。

与韦布望远镜一样，哈勃望远镜也历经多年才研制完成。讨论哈勃望远镜（当时被称为大型空间望远镜）项目的第一个科学工作组成立于 1974 年，该项目的资金申请则于 1977 年正式获批。

最终，哈勃望远镜于 1990 年 4 月 24 日发射升空，部署在距离地面 500 多千米高的近地轨道上。但完成部署后，其观测工作进行得并不顺利。在发射 2 个月后，美国国家航空航天局宣布哈勃望远镜的主镜存在缺陷，它的尺寸与理想状态相比差了大约 2 微米，或者说相差了人类指甲厚度的大约 1/200。虽然这看起来只是一个微不足道的偏差，但对于灵敏度极高的哈勃望远镜来说，却是非常致命的缺陷，它成了“近视眼”。结果是它拍摄的图像模糊不清，并不比地基望远镜好多少。

要在太空中更换哈勃望远镜口径达 2.4 米的主镜显然是不可能的，最后的解决方案是，派航天员给哈勃望远镜安装了一台新仪器——相当于电话亭大小的轴向光学矫偿套件。这一操作就好比给哈勃望远镜戴上了一副近视眼镜，矫正了它的“视力缺陷”。在超过 30 年的运行过程中，哈勃望远镜经历了多次升级，航天员对其进行了多次现场维护并在 5 次任务中加装了新设备。不幸的是，自 2011 年美国国家航空航天局的航天飞机计划结束后，就无法对它进行进一步的升级了。

哈勃望远镜的观测范围从紫外波段到可见光波段，并一直延伸到近红外波段，至今已经进行了超过 150 万次观测，其中许多观测从根本上改变了我们对宇宙的理解。

20 世纪 90 年代初，哈勃望远镜观测到了物质被吸入黑洞的现象，这一现象此前只存在于理论预测中，未曾被观测到过。那些质量极大

左页图 哈勃望远镜位于近地轨道，航天员可以亲自去对该望远镜进行维护和升级，这种任务进行过很多次。不过，随着美国国家航空航天局在 2011 年终止了其航天飞机项目，哈勃望远镜的维护和升级计划也宣告结束。

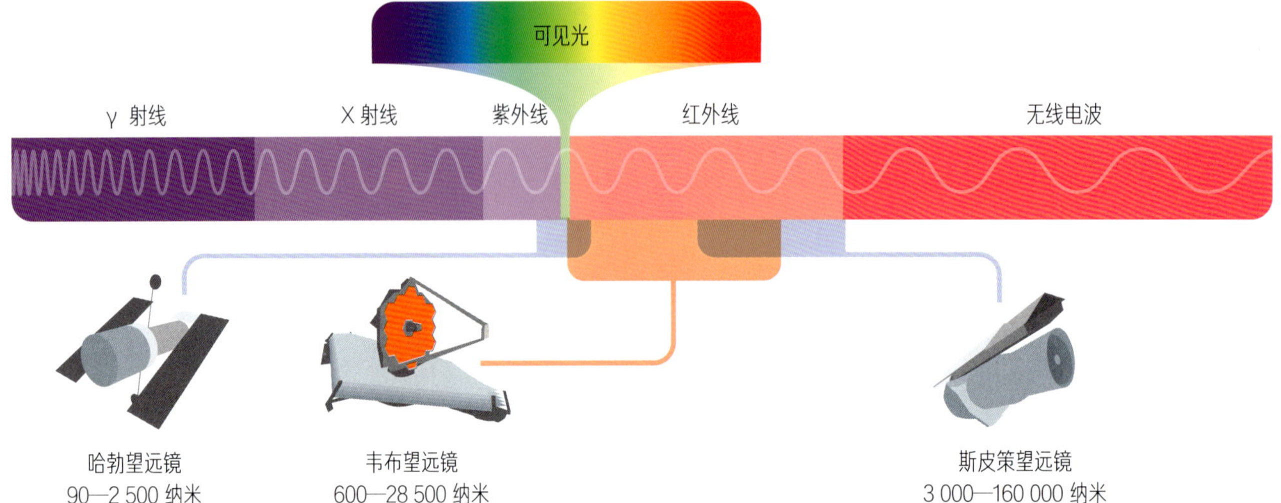

上图 不同的空间望远镜观测电磁波谱的不同波段，例如：哈勃望远镜主要观测可见光波段和紫外波段；韦布望远镜和斯皮策望远镜专注于观测红外波段，但具体观测的波长范围有所不同，韦布望远镜观测的红外辐射能量稍高。

右页图 2015 年 4 月 23 日，为了庆祝哈勃望远镜入轨 25 周年，美国国家航空航天局和欧洲空间局（ESA）发布了这张照片，照片中展示了年轻星团维斯特卢 -2（Westerlund 2）及其周围的环境。

的恒星在坍缩时，会形成黑洞。黑洞是宇宙中引力最强大的天体，其引力强大到连光都无法从其事件视界范围内逃脱。

正因如此，不可能直接对黑洞成像，因为光会被黑洞吸收，而黑洞却不会发出任何光。天文学家另辟蹊径，通过观测黑洞周围物质的行为特征来识别黑洞。哈勃望远镜后来证实，许多星系的中心都存在超大质量黑洞。顾名思义，这是一种质量非常大的黑洞，可能达到数十亿倍太阳质量。哈勃望远镜的成就远不止于此，它的观测揭示了众多星系的形状和结构，天文学家利用其数据发现了宇宙的膨胀在加速而非减速，它在发现宇宙中暗物质存在的直接证据方面也发挥了重要作用。

从某些角度来说，韦布望远镜继承了哈勃望远镜的衣钵，但这 2 架望远镜的观测波段不一样。实际上，韦布望远镜的很多科学目标正是源自哈勃望远镜的发现，甚至韦布望远镜的观测波段也是参照了哈勃望远镜的观测结果才最终确定的。现在，科学家通过这 2 架望远镜的强强联合，结合不同波段的数据来获得最佳结果。

钱德拉望远镜

钱德拉望远镜原名高级 X 射线天体物理设施，后来以印度裔美国天体物理学家、诺贝尔奖获得者苏布拉马尼扬·钱德拉塞卡（Subrahmanyan Chandrasekhar）的名字重新命名。在梵语中，Chandra 的意思是明亮、闪亮或闪闪发光，是月亮的名字。

钱德拉望远镜于 1999 年发射升空，用于探测 X 射线。在宇宙中，只有温度很高的区域才能产生 X 射线这种高能辐射，这些区域的温度可达数百万摄氏度，因此往往非常明亮。宇宙中的 X 射线源包括脉冲星、爆发的恒星、超新星遗迹以及黑洞周围的吸积盘等。由于大气吸收了大部分 X 射线，因此钱德拉望远镜只能部署在大气上方，绕地球运行。但钱德拉望远镜的轨道和常规的近圆轨道不同，这是一条偏心率很大的椭圆轨道，它沿着这条轨道每 64 小时绕地球运行 1 周。

钱德拉望远镜对银河系中心的超大质量黑洞及其周围区域进行了观测，结果还发现了其他黑洞。天文学家将韦布望远镜的红外观测数据与钱德拉望远镜对相同区域的 X 射线观测数据一起进行研究，可以更深入地了解这些区域。

左页图 钱德拉望远镜拍摄的这张“快照”展示了超新星遗迹仙后座 A 中被抛射出的多种元素。其中红色为硅，黄色为硫，绿色为钙，紫色为铁，这些元素和碳、氮、磷、氢等其他元素正以极高的速度向超新星遗迹外围扩散。

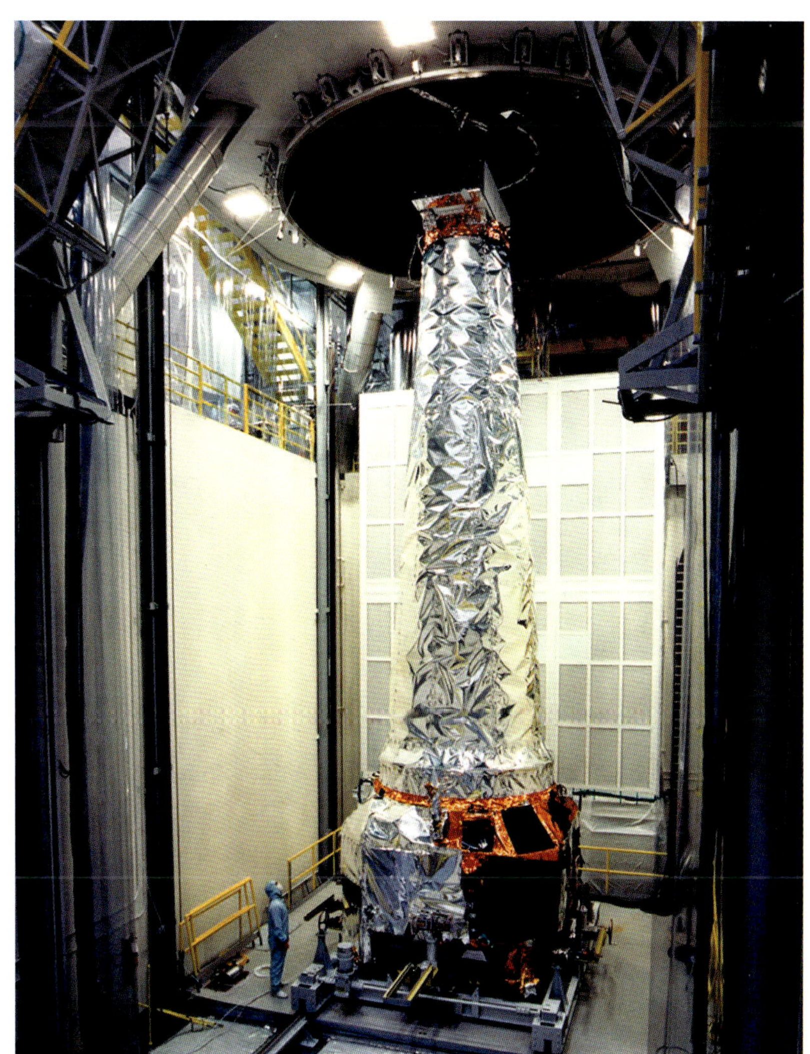

右图 发射前，科学家对钱德拉望远镜进行了测试，测试在一个巨大的热真空舱中进行，以模拟太空中的恶劣环境。

上图 恒星特拉比斯特 -1（Trappist-1）及 7 颗绕其运行的行星的艺术渲染图，这个天体系统是斯皮策望远镜最伟大的发现之一。

斯皮策望远镜

美国国家航空航天局的斯皮策望远镜于 2003 年发射，设计使用寿命仅为 2.5 年，但它一直运行到了 2020 年。斯皮策望远镜的名字取自科学家斯皮策，他是第一个提出“地外天文台”设想的人（见本书第 9 页）。斯皮策望远镜是第三台专门用于红外天文学的空间望远镜，从工作波段来说，它毫无疑问是韦布望远镜的前辈。

斯皮策望远镜的主镜口径只有 85 厘米，和呼啦圈的大小相当，这个尺寸对红外望远镜来说是比较小的。它配有 3 台主要的观测仪器——红外阵列相机、红外摄谱仪和多波段成像光度计。科学家使用了大约 360 升液氦来将这 3 台仪器冷却到 -268 摄氏度的低温（这已经接近绝对零度），以确保它们可以正常工作。制冷系统确保了仪器可以检测到极低水平的红外辐射，而不会受到其他机载系统红外辐射的影响。由于液氦的总供应量有限，这种冷却效果不可能永远持续下去，最终，所有的液氦在 2009 年耗尽了，但这依然比工程师最初预期的时间要长得多。液氦的耗尽意味着斯皮策望远镜“冷任务”的结束和“暖任务”的开始，此后只有红外阵列相机还在继续运行，其他仪器均无法正常运转。

斯皮策望远镜在漫长的一生里，帮助科学家做出了许多重大发现。它最伟大的发现之一是以恒星特拉比斯特 -1 为中心的天体系统。利用斯皮策望远镜的科学仪器，科学家发现了围绕这颗恒星运行的 7 颗系外行星，其中 4 颗位于恒星特拉比斯特 -1 的宜居带内。

斯皮策望远镜是最早对系外行星进行成像的望远镜之一。一颗在靠近其母恒星的轨道上运行的类似木星的热行星，能够反射足量的红外辐射而被斯皮策望远镜的相机探测到。

2007 年，研究人员还利用斯皮策望远镜首次直接识别出系外行星大气中的分子。利用其数据，科学家还发现了一颗含碳量极高的系外行星，编号为 WASP-12b。

开普勒空间望远镜

开普勒空间望远镜（以下简称开普勒望远镜）的名字来自现代天文学的奠基人之一、德国科学家约翰内斯·开普勒（Johannes Kepler）。该望远镜由美国国家航空航天局于 2009 年发射，专门用于搜寻系外行星。其最主要的目标是找寻类地行星——大小介于地球的

上图 由斯皮策望远镜发现的杰克南瓜灯星云（Jack-o'-Lantern Nebula）。之所以这样称呼它，是因为它中空的尘埃云看起来很像万圣节的南瓜灯。

一半到 2 倍之间并位于其母恒星周围宜居带的行星。在宜居带里，行星的温度适中，既不会太热，也不会太冷，刚好适合液态水存在。

开普勒望远镜携带的最重要的一台仪器是光度计，这台仪器用于监测恒星的光学亮度。它通过所谓的凌星法来探测系外行星。行星虽然不发光，但它们能够反射其所绕行的母恒星发出的光，我们能够从地球上看到太阳系中的其他行星就是这个道理。

距离我们最近的恒星是比邻星，它距离地球大约 4.2 光年（40 万亿千米）。在这个距离上，很难探测到来自环绕该恒星的系外行星反射的星光，因此需要采用不同的探测技术。当行星刚好运行到恒星与观测者之间时，在观测者看来，行星位于恒星的前方，这便是天文学中所称的凌星现象。凌星法是通过监测发生凌星现象时恒星的亮度变化来搜寻系外行星的方法。显然，由于行星围绕恒星做周期性运动，所以凌星现象会导致恒星的亮度周期性变低，当观测到这种现象的时候，科学家就知道目标恒星周围可能有系外行星的存在。要观测到凌星现象，恒星、行星与地球必须刚好处于同一条直线上。

尽管开普勒望远镜配备的科学仪器很少，但它依然取得了惊人的成功——利用其数据，科学家确认了超过 2 600 颗系外行星的存在。2018 年，开普勒望远镜在耗尽所有燃料后光荣退役，它为科学家留下了丰富的科学遗产。

下图 通过凌星法，科学家可以探测到在恒星前方经过的系外行星。

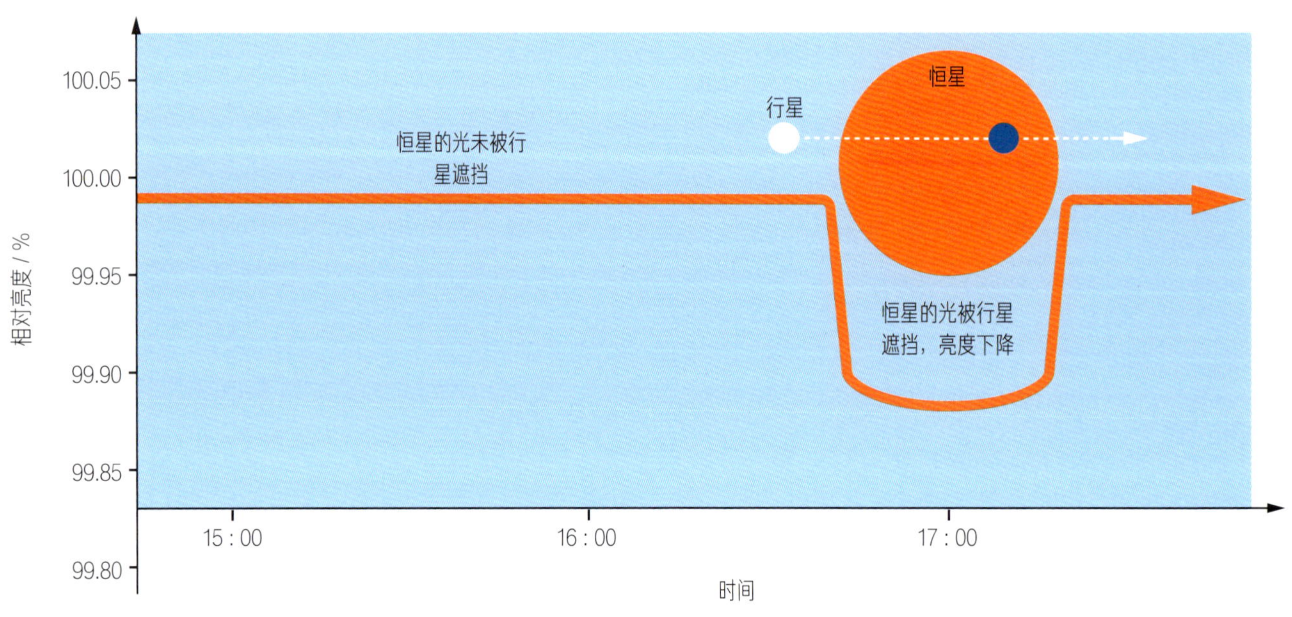

韦布望远镜登场

当我刚开始参与韦布望远镜项目时，它还被称为“下一代空间望远镜”。我非常喜欢这个名字：它听起来就像是直接出自《星际迷航》（*Star Trek*）系列剧集。那时是 21 世纪初，但早在 1996 年，美国国家航空航天局的科学家和工程师就提出了该望远镜的原始概念。

哈勃望远镜是第一台主要观测可见光波段的大型空间望远镜，受到其成功的鼓舞，科学家开始着眼于下一个大型空间望远镜项目。

他们决定开发一台观测红光和红外辐射的望远镜。与可见光不同，红外辐射可以穿透由浓密的气体和尘埃构成的云团，发现其中隐藏的年轻恒星和行星系统。

红外辐射的波长较长，这意味着它可以更容易地穿透尘埃云，而

右图 通过对比哈勃望远镜和韦布望远镜拍摄的船底星云照片（分别对应左右 2 幅子图），我们可以发现后者成像的清晰度和分辨率与其前辈相比有了巨大飞跃。

不是与其中的粒子发生较多的相互作用。可见光的波长更短，与这些浓密云团中粒子的尺度相当，因此，当可见光穿过这些云团时，更有可能与其中的粒子发生相互作用，并因此被散射或吸收。

红外辐射还可以揭示早期宇宙的一些秘密。当我们观测来自太空的辐射时，我们实际上是在回溯宇宙的历史。这一点很容易理解，虽然光传播的速度非常快，但遥远天体发出的光穿越广袤太空到达地球所需的时间依然很可观。即使是距离我们最近的恒星——太阳，它发出的光也需要大约 8 分 20 秒才能到达地球，也就是说，我们此刻看到的太阳，其实是它 8 分 20 秒之前的样子。对于更远的天体，它们的光到达地球的时间就更长了。

那些在宇宙大爆炸（以下简称大爆炸）后不久形成的恒星和星系发出的辐射，至今仍然在星际空间中传播。然而，由于宇宙的膨胀，这些早期天体发出的辐射被拉伸，使得它们的波长变长。因此，最初可见光波段的辐射，由于宇宙膨胀的原因，现在被我们观测到时已经变成了红外辐射。探测红外辐射对研究早期宇宙是很有必要的。

来自世界各地不同航天机构的科学家和工程师，花费了 20 多年的时间来设计和制造韦布望远镜。整个项目的参与人员超过 1 万人。在多年的研发过程中，整个团队并肩协作，将各类棘手问题一一解决，最终才设计出满足精度和灵敏度要求的红外空间望远镜。我非常自豪能够为这个项目做出一点微小的贡献。

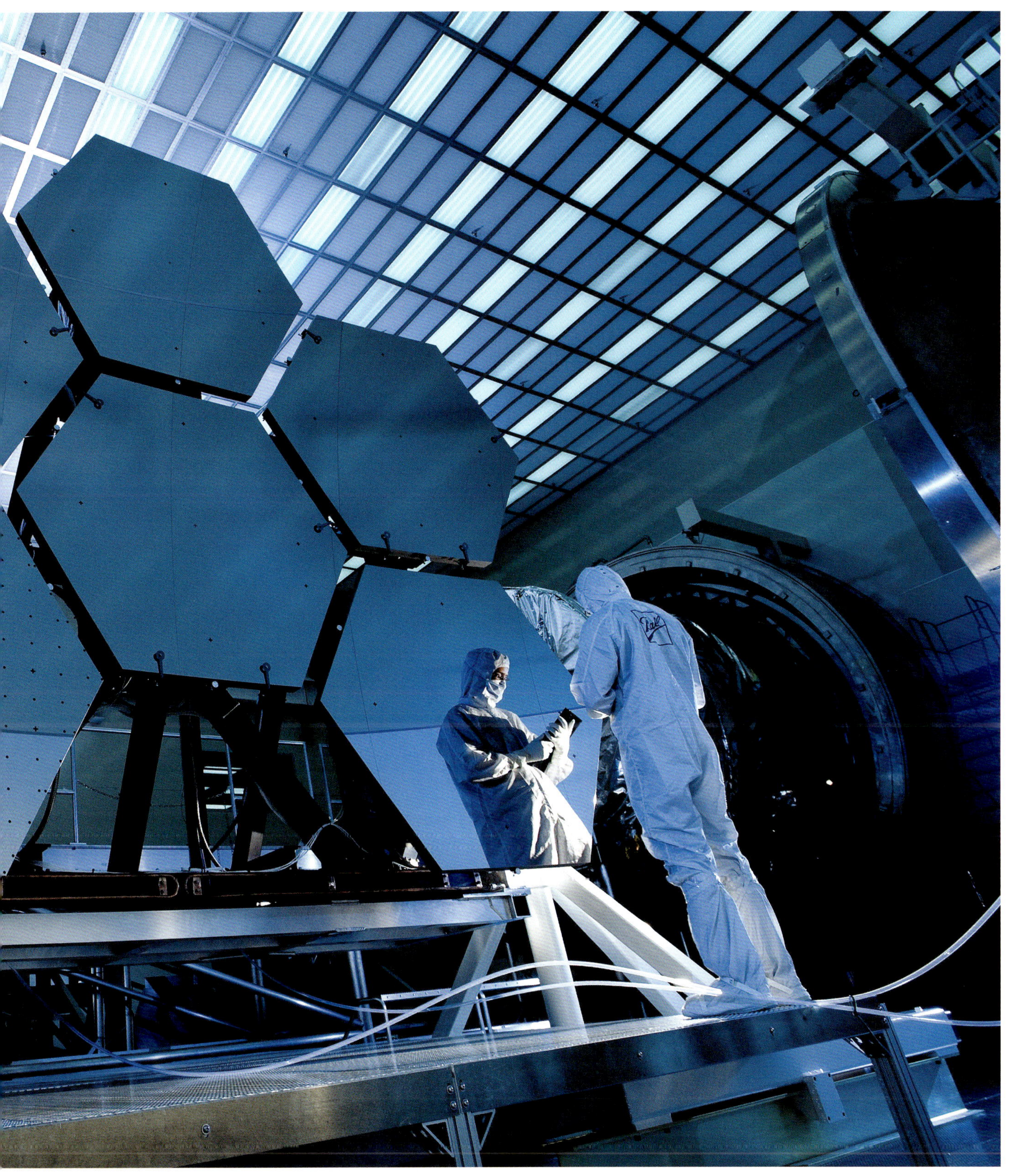

上图 韦布望远镜的巨大主镜由 18 个六边形子镜组成。在测试过程中，这些镜片经受住了 -248 摄氏度的低温考验。

精巧的红外望远镜

建造红外望远镜本身在技术上就非常复杂，而将其发射到太空更是难上加难。韦布望远镜的设计人员主要面临下面 2 个挑战。

第一个主要的挑战是，这种望远镜需要一个巨大的镜片来收集足量的红外辐射。镜片口径越大，它能收集的辐射就越多，捕捉到的细节也就越丰富。因此，望远镜的主镜口径当然是越大越好。而且，要收集的辐射波长越长，望远镜的主镜口径就要越大——这就是为什么射电望远镜都如此巨大。

如果采用单镜片结构，会存在一个难以避免的问题——口径大的镜片不仅笨重，而且容易碎，想要把它发射到太空十分不便。最终，设计师决定使用多镜片拼接的方案。韦布望远镜的主镜由 18 个六边形子镜组成，每个子镜的边长约为 0.75 米。这些六边形子镜拼接在一起后，形成了一个近似的圆形。子镜的安装精度必须极高，安装误差要小于人类头发直径的万分之一。

下图　中国的 500 米口径球面射电望远镜（FAST），也被称为“中国天眼”，是世界上最大的单口径射电望远镜。

上图 为了提高对红外辐射的反射能力，韦布望远镜的每个子镜上都镀有黄金。

下图 韦布望远镜的遮阳板可以使其携带的仪器免受太阳辐射的影响，从而保持低温。

在还没展开的时候，这些子镜就像等待绽放的花瓣一样。子镜在太空中展开后，主镜最宽处的跨度达到 6.5 米。主镜的集光面积约为 25.4 平方米，收集到的光线会被反射到位于望远镜“鼻子”上的副镜，然后再通过副镜反射进入主镜中央的一个缺口，最后进入望远镜内的各种仪器设备。所有子镜上都镀有一层薄薄的黄金，以提高镜片对红外辐射的反射率。韦布望远镜更大的主镜以及更高的灵敏度意味着，它能够探测到哈勃望远镜无法探测到的微弱信号，能观测到形成时间更早、更接近大爆炸时期的天体。

第二个主要的挑战是，要让望远镜保持低温状态。红外辐射的热效应极其显著，如果望远镜温度升高，它就会被自身发射的红外辐射干扰，无法观测从太空收集的红外辐射。因此，我们不仅要保护望远镜免受太阳、月球和地球辐射的影响，还要屏蔽其自身的电子设备所散发的热量。为了屏蔽这些干扰，韦布望远镜配备了网球场大小的 5 层遮阳板。

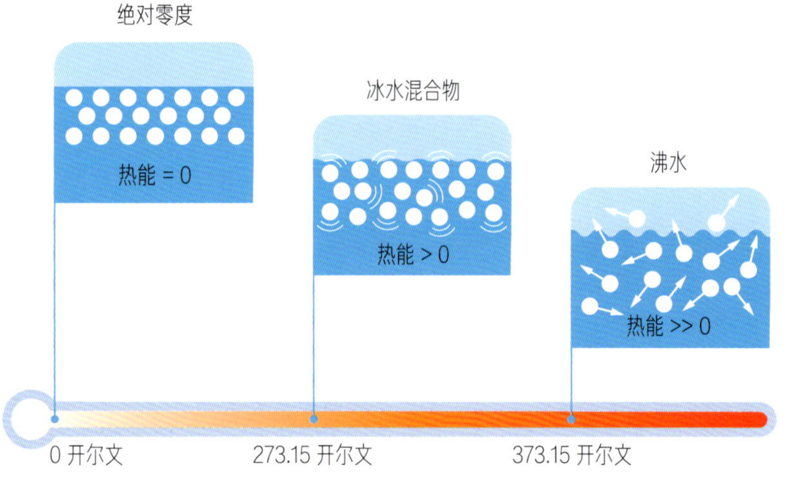

上图 水分子能量大小与热力学温标的对应关系示意图。热力学温标对应的单位是开尔文（简称开，符号为 K）。热力学温度在数值上等于摄氏温度加上 273.15。

下图 科学家在热真空舱中测试中红外仪器的热屏蔽效果。

不过，仅靠遮阳板还不够。韦布望远镜上的探测器需要保持非常低的温度，如果温度不够低，就会产生所谓的“暗电流”，这意味着即使探测器没有接收到辐射，也会检测到信号。因此，每个探测器都需要冷却，它们的工作温度取决于它们所具体探测的辐射的波长。为了实现冷却的目标，韦布望远镜配备了低温制冷机。这防止了来自太空的红外辐射信号受到星载设备的红外辐射干扰，使探测器能够高效地工作。

韦布望远镜上的 3 个重要探测器——近红外成像仪与无缝光谱仪（NIRISS）、近红外相机（NIRCam）和近红外光谱仪的工作温度大约为 40 开尔文（−233.15 摄氏度）。0 开尔文（−273.15 摄氏度）代表没有任何热能，称为绝对零度，这是宇宙中的物体理论上所能达到的最低温度（实际上只能无限接近，但无法达到）。理论上，当达到绝对零度时，原子和分子的热运动会完全停止，热能为零。因此，40 开尔文已经是非常低的温度了。

韦布望远镜上的中红外仪器（MIRI）正如其名，用来探测中红外波段的辐射。这台仪器所使用的低温制冷机需要更强大的制冷能力，以将温度降至令人惊叹的 6 开尔文的低温，这非常接近绝对零度，是整台望远镜中最低的温度。

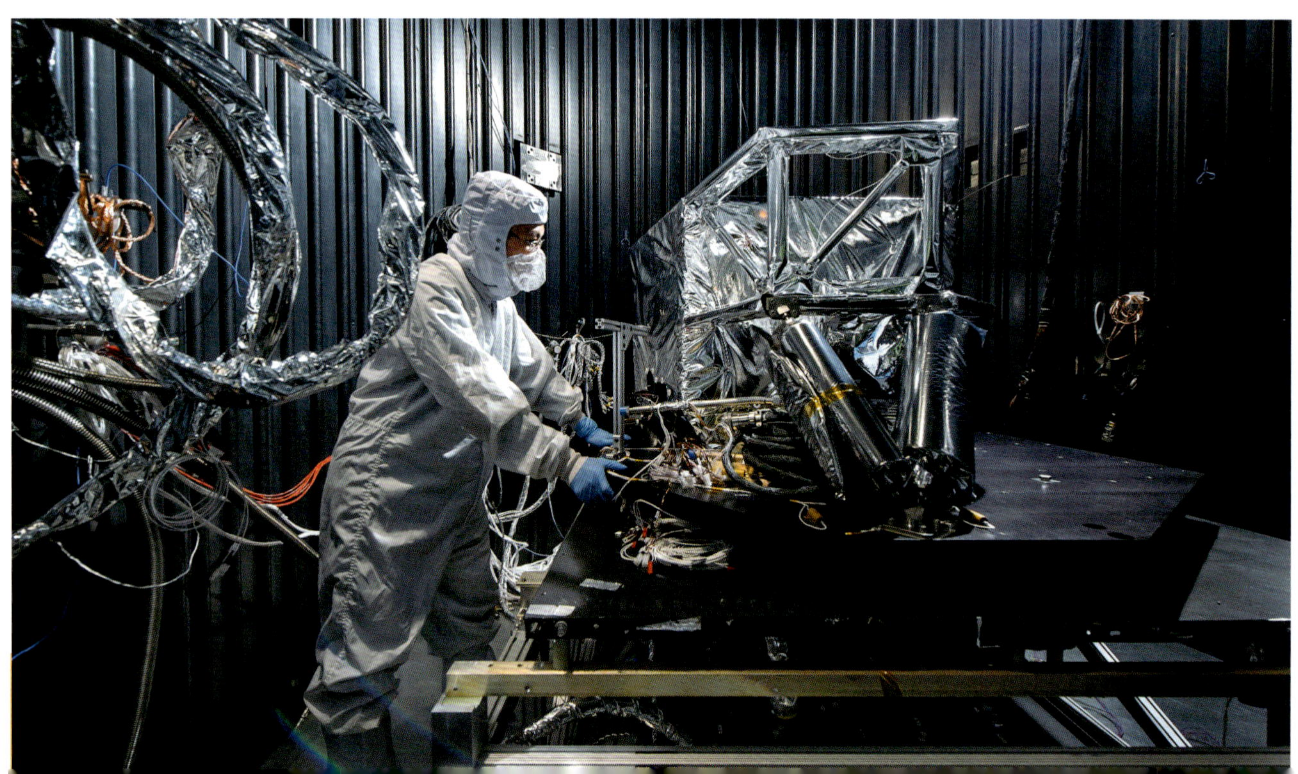

在太空中绽放

将巨型空间望远镜安装到火箭上并非易事。由于韦布望远镜革命性的设计，它在火箭上的存放形式就像一朵含苞待放的花。在与火箭分离后，韦布望远镜开始小心翼翼地进入展开程序，太阳能电池板、高增益天线、遮阳板等组件依次展开。与哈勃望远镜不同，一旦出现故障，韦布望远镜将无法进行修复。哈勃望远镜的轨道高度仅为大约550 千米，是航天员可以到达的高度，它在发生故障时可以修复；而韦布望远镜的部署位置距离地球有 150 万千米——这是目前任何一名航天员都无法到达的高度，这就需要韦布望远镜原本就很复杂的展开程序必须万无一失地得到执行。

在韦布望远镜正式工作之前，总共需经过约 50 个重要的展开步骤和 178 个释放过程。

下图 韦布望远镜花了大约 2 周的时间才完全展开，而到达预定的运行轨道则花费了更长的时间。

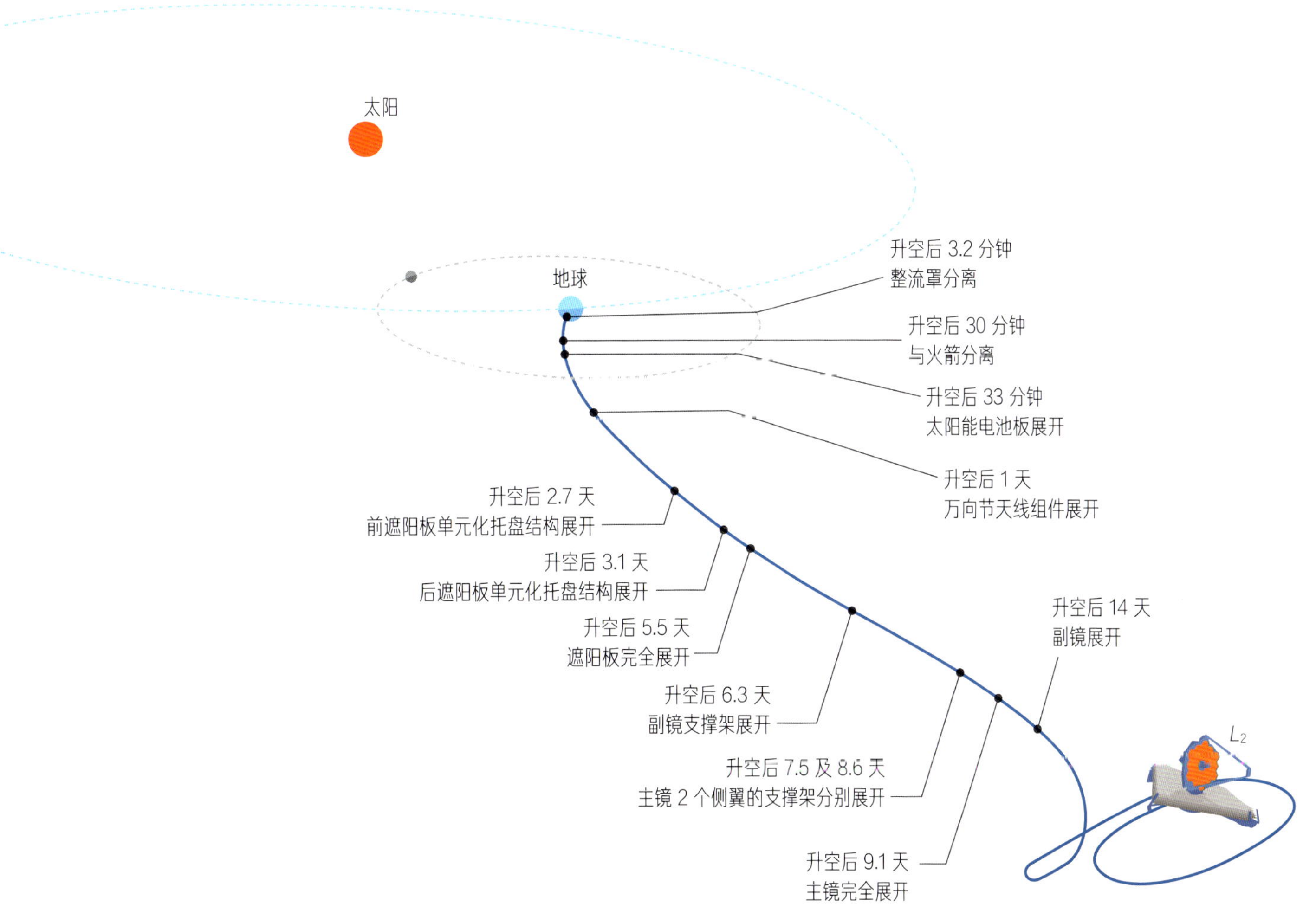

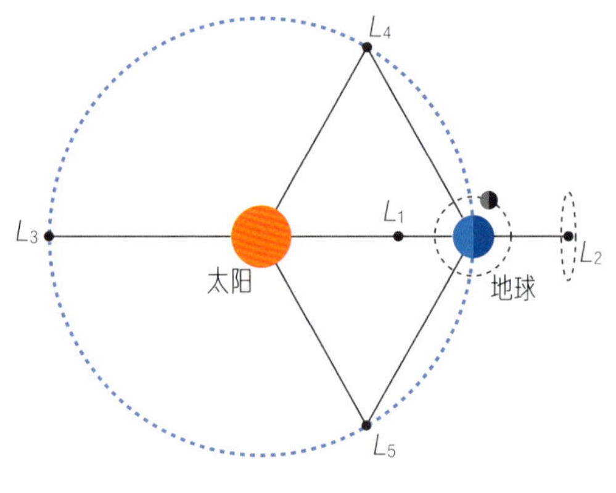

上图　韦布望远镜绕着 L_2 点运行，该点距离地球约 150 万千米。

不稳定的位置

韦布望远镜在日地系统的一个拉格朗日点——L_2 点附近运行，该点距离地球大约 150 万千米。在拉格朗日点，物体受到的离心力与其受到的 2 个大天体的引力基本平衡，使物体可以相对于这 2 个大天体基本保持静止。正因如此，韦布望远镜能够以最小的燃料消耗保持在这个位置附近。韦布望远镜在围绕 L_2 点的一条三维轨道——“晕轨道”上运动，它与 L_2 点之间的距离在 25 万千米至 83.2 万千米之间变化。L_2 点不是一个固定在空间中的点，而是随地球绕太阳的运行而移动。问题在于，处在拉格朗日点的物体并不是完全稳定的，因此航天器需要消耗少量的燃料才能使自身保持在拉格朗日点附近。

韦布望远镜在发射时携带了足够的燃料，预计可以让它在大约 10 年的时间里维持稳定的轨道。不过，发射过程比原计划更顺利，进入预定轨道消耗的燃料比原先预计的少，这也意味着韦布望远镜拥有了更多的燃料来维持稳定的轨道，预计它可以在轨道上停留约 20 年——这是科学家预期时间的 2 倍。它极有希望像哈勃望远镜那样超期服役，做出更多重要的科学发现并拍摄更多令人惊叹的宇宙图像。

红外空间天文台

韦布望远镜为科学家进行开创性的科学研究提供了一个平台，平台上所搭载的仪器肩负重任。

韦布望远镜主要包含三大模块：光学模块（或称光学望远镜模块）、航天器模块（主要由航天器支持系统组成，为望远镜提供包括电力供应、遥感勘测和维持适当温度环境在内的基础支持），以及综合科学仪器模块（望远镜的主要有效载荷和“心脏”）。

韦布望远镜将信号传输到综合科学仪器模块，该模块包含 4 台定制的科学仪器，可以探测特定分子的光谱。

韦布望远镜作为迄今为止最昂贵、最先进的空间望远镜，其发射质量约为 6 500 千克，与一头雄性非洲象的体重相当。在它发射后约 6 个月，美国国家航空航天局公布了用该望远镜拍摄的第一张彩色照片——由近红外相机拍摄的星系团 SMACS 0723 的照片。这个星系团位于飞鱼座，距离地球大约46亿光年，包含数千个星系，其中一些天体是在红外波段能观测到的最暗弱的天体。从那时起，韦布望远镜便源源不断地拍摄图像和收集数据，帮助我们了解广袤且未知的宇宙深处。

下图 星系团SMACS 0723的这幅近红外图像于2022年7月12日发布，是韦布望远镜拍摄的第一张彩色照片。

需要重点考虑保护综合科学仪器模块免受太阳极端辐射和星载设备相对较低水平的红外辐射的影响。综合科学仪器模块的电子舱内包含仪器的计算和电气组件，这些组件被包裹在一个隔热箱中，隔热箱则安装在一个低温制冷机上。电子设备产生的热量被定向释放到太空中，不会干扰仪器或镜面的工作。

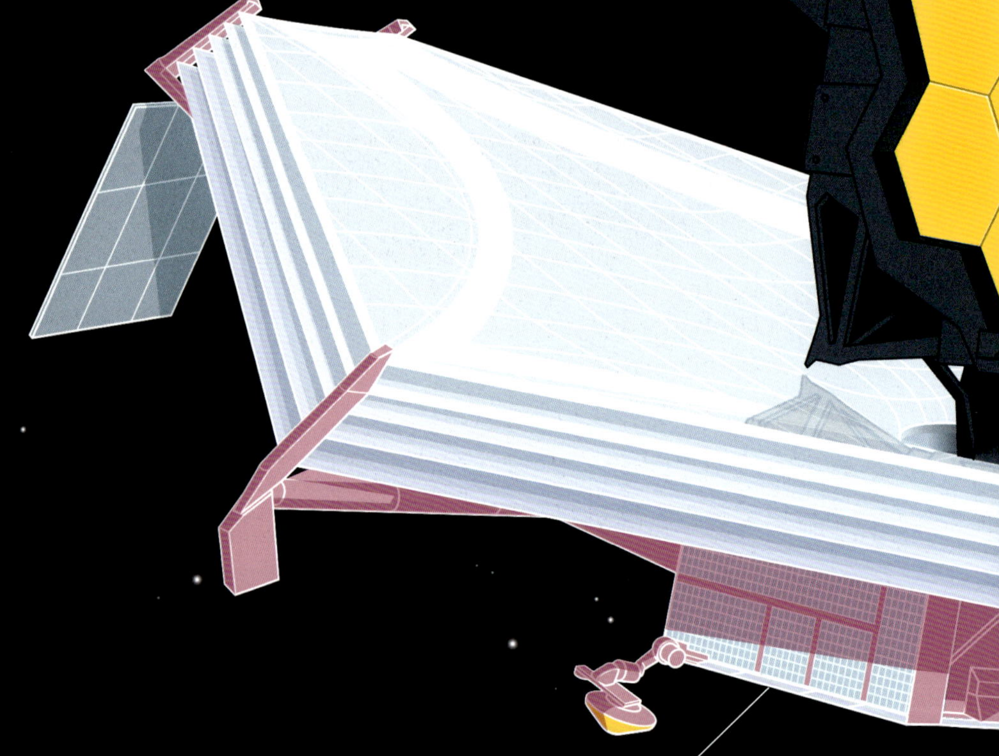

航天器模块

航天器模块包含望远镜的转向、通信和控制机构。它包含 6 个重要的子系统，这些子系统为韦布望远镜的正常运行提供了保障，它们分别是电力子系统、姿态控制子系统、通信子系统、指令 / 数据处理子系统、推进子系统、热控制子系统。电力子系统将太阳能电池板收集的光能转换为电能，为仪器和其他子系统的运行提供电力。姿态控制子系统确保望远镜处于正确姿态，指向正确的观测方向。通信子系统将信息传回地球，供科学家和工程师使用。指令 / 数据处理子系统是整个航天器模块的大脑，起到协调所有子系统的作用。推进子系统中包含燃料，并与姿态控制子系统保持通信，以便在必要时改变望远镜的姿态和轨道。热控制子系统使整个平台在最合适的温度下运行。

光学模块

韦布望远镜利用光学模块来“观察”宇宙，这个模块包括主镜和副镜。主镜由 18 块较小的六边形子镜组成，而副镜则小得多，直径不到 1 米。主镜捕获红外辐射，然后将其反射到副镜上。副镜将信号发送到望远镜的科学仪器上，这些仪器位于综合科学仪器模块中。

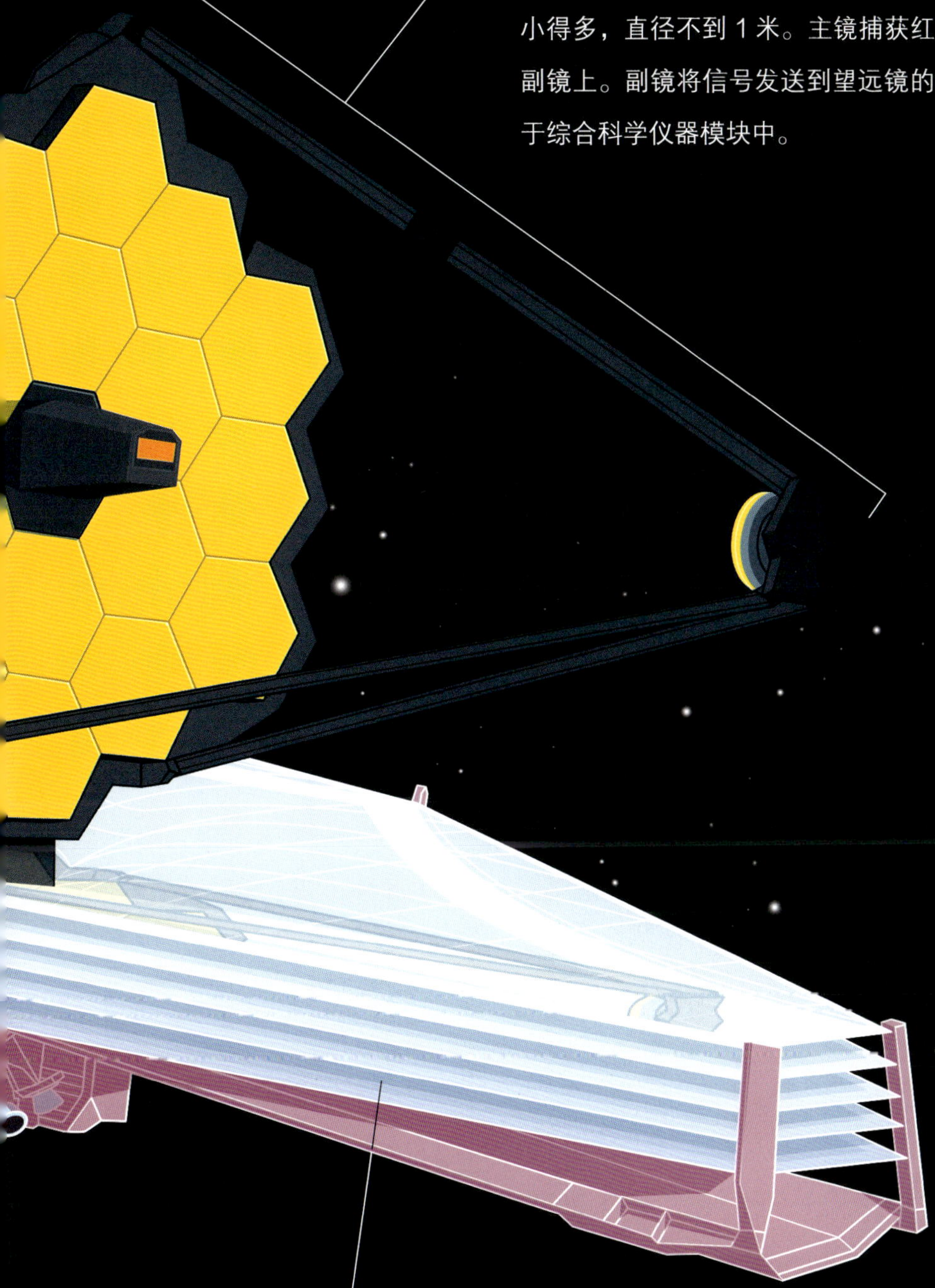

遮阳板子系统

遮阳板子系统将韦布望远镜朝向太阳的高温面与极端低温的背阳面分隔开来。遮阳板有 5 层，朝向太阳的一面温度可高达 110 摄氏度——足够使水沸腾，背离太阳的一面朝向深邃黑暗的宇宙空间，温度可低至 -237 摄氏度。韦布望远镜本身在大约 -223 摄氏度的低温下运行，这一温度与在太阳系中最冷的行星天王星上观测到的最低温度纪录相当。

02

打开宇宙新视界

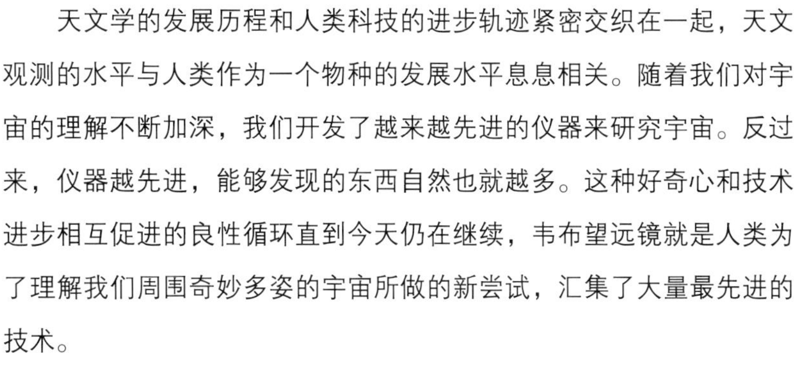

天文学的发展历程和人类科技的进步轨迹紧密交织在一起，天文观测的水平与人类作为一个物种的发展水平息息相关。随着我们对宇宙的理解不断加深，我们开发了越来越先进的仪器来研究宇宙。反过来，仪器越先进，能够发现的东西自然也就越多。这种好奇心和技术进步相互促进的良性循环直到今天仍在继续，韦布望远镜就是人类为了理解我们周围奇妙多姿的宇宙所做的新尝试，汇集了大量最先进的技术。

新技术与新方法

随着时间的推移，我们通过高精度的观测和测量来研究天体运动的能力不断提升。1609 年，伽利略开始用自己制作的望远镜观察肉眼看不见的遥远天体。通过在一根管子的两端放置 2 个透镜，他可以将天体的大小放大到肉眼所见的 3—4 倍。

但是，如果想揭开宇宙的奥秘，这种程度的放大效果就显得捉襟见肘了。伽利略不断改进设计，最终制成了一台能放大 33 倍的望远镜，发现了许多前所未知的天文现象，为光学天文学奠定了基础。

然而，可见光只是电磁波谱中的一小部分。20 世纪初，人们已经知道了电磁波谱中其他波段的存在——尽管当时他们尚未探测到来自太空的这些波段的信号。一切都在 20 世纪 30 年代发生了变化。

多波段天文学

卡尔・央斯基（Karl Jansky）是美国的一名物理学家和无线电工程师，他在美国新泽西州的贝尔实验室工作，设计并建造了一种能够探测无线电波的天线。他在 1928 年加入贝尔实验室后，便开始寻找一种一直影响着跨大西洋短波无线电通信的未知干扰的来源。这种干扰表现为一种持续的、微弱的嘶嘶声，无论白天黑夜都存在，似乎来自天空中一个固定的方位。经过数年的细心观察，1933 年，央斯基撰写了 2 篇论文，他在论文中得出结论：干扰实际上来自我们的银河系。

左图 来自我们所处的星系——银河系的信号干扰了跨大西洋的通信，却最终促成了多波段天文学的诞生。

凭借这一结论，他打开了射电天文学这一新领域的大门。从此之后，我们不再局限于仅在可见光波段观测宇宙，无线电波同样可以用于天文观测，多波段天文学的新时代开启了。

宇宙中的天体会发射和反射各个波段的电磁辐射。随着时间的推移，为了研究这些不同的波段，工程师和天文学家有针对性地设计了不同的探测器。正如我们从韦布望远镜极其强大的红外探测能力中看到的，望远镜和探测器可以根据不同的观测波段进行有目的的优化。

当针对不同波段设计的探测器对天空中的同一个天体进行观测时，会发现一些有意思的现象，这些现象是仅从一个波段进行观测时无论如何也发现不了的。多波段观测不是各波段数据的简单叠加——“整体大于部分之和”。韦布望远镜做出的一些有趣发现和拍摄的很多壮美图像，正是将其数据与其他望远镜对不同波段的观测数据结合之后产生的，比如哈勃望远镜的可见光数据和钱德拉望远镜的 X 射线数据。

上图　美国物理学家、无线电工程师央斯基开创了射电天文学这一领域。

下图　牛顿发明的反射望远镜的原理示意图。

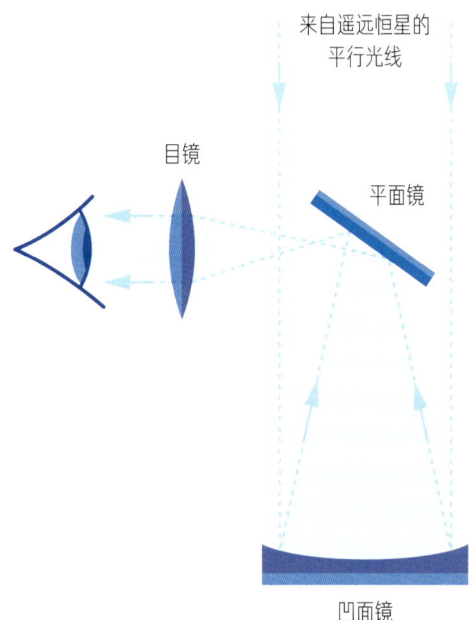

光谱学

苏格兰数学家、物理学家詹姆斯·格雷戈里 (James Gregory) 首先提出了反射望远镜（物镜为反射镜的光学望远镜）的设计，几年之后，17 世纪科学革命的关键人物之一——艾萨克·牛顿（Isaac Newton）建造了第一架实用的反射望远镜。牛顿对反射望远镜的结构进行了重要改进，有助于其推广使用。反射望远镜的一大优点是，光线在抵达目镜前无须穿过玻璃，因此整体上对玻璃的质量要求不高。此外，与需要对 2 个表面进行塑形来实现放大的透镜不同，反射望远镜只需要对 1 个表面进行加工。

有些人推测，牛顿之所以能设计出新型望远镜，很可能得益于他对光的性质的研究，比如他进行的色散实验。在该实验中，牛顿让一束狭窄的阳光（白光）穿过三棱镜，看到白光被分解成了多种颜色的光。这个实验证明，白光实际上是由不同颜色的光组成的，每种光都有不同的波长和相应的颜色。

牛顿的色散实验为光谱分析技术奠定了基础。光谱学是研究不同波长的电磁辐射以更好地理解其与物质相互作用的一门学科。不同的物质可以吸收和反射不同波长的电磁辐射，物质也可以发射电磁辐射。在光谱学中，我们研究物质发射、吸收和反射电磁辐射的特性，以了解电磁辐射与物质（无论是整个星系还是遥远行星的大气）的相互作用。

光谱分析技术使我们能够在数十亿千米之外对天体的化学成分、温度、密度和运动进行远程分析。这项技术对我们深入了解宇宙起到了关键作用，包括发现新元素以及对支持大爆炸宇宙论（目前解释宇宙起源的最佳理论）的某些物理量的测量。

在我的职业生涯中，我负责过多个光谱仪的设计、制造和应用，这些光谱仪有些用于地基望远镜，有些用于空间望远镜，其中当然也包括我们在前面介绍过的韦布望远镜上的近红外光谱仪。这些光谱仪帮助我们研究宇宙中天体的运动和化学组成。

下图 2023 年 7 月 31 日，欧洲空间局的欧几里得空间望远镜发回了其拍摄的第一张照片，这张照片是用其近红外光谱仪和光度计拍摄的。

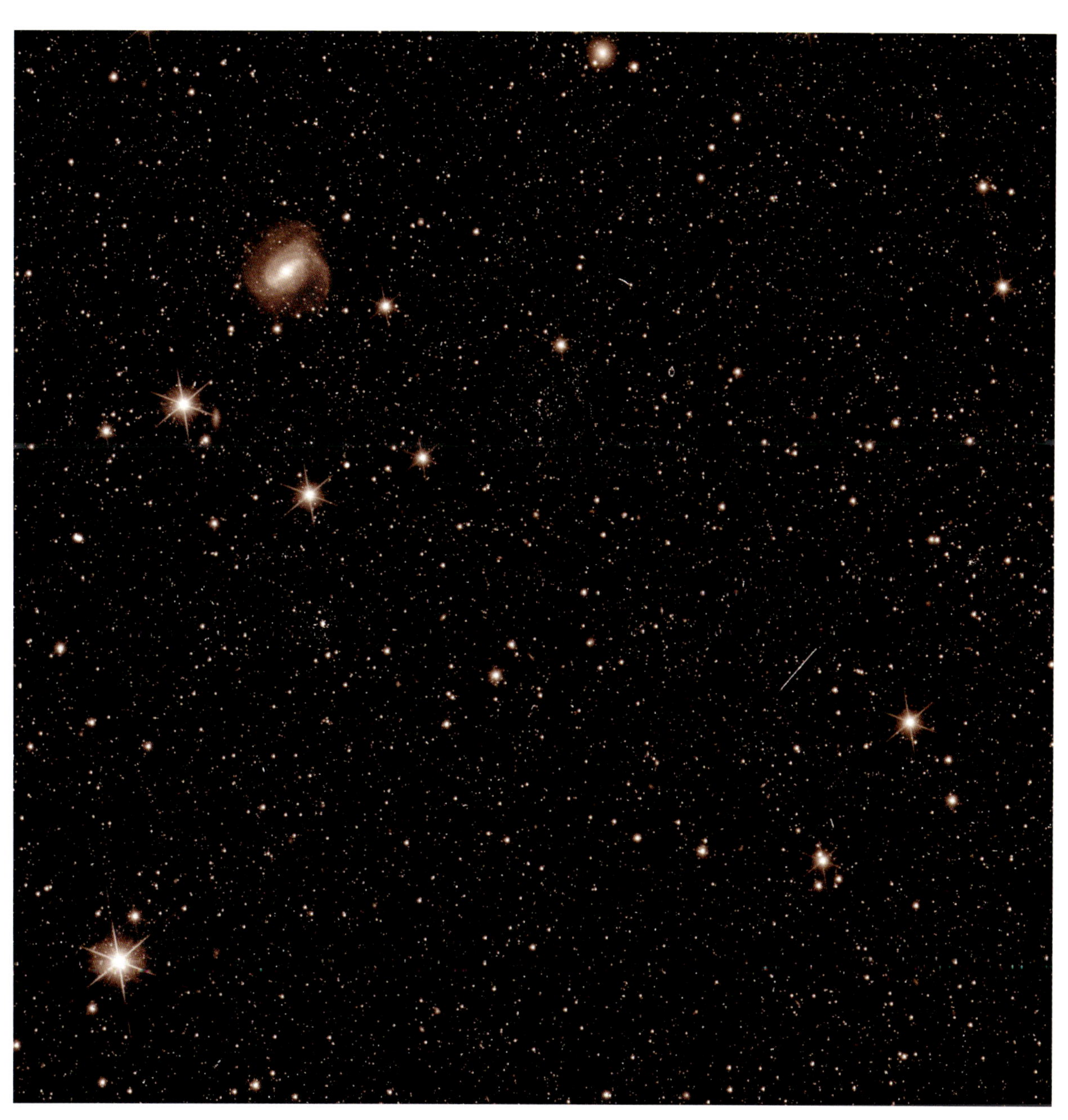

韦布望远镜的科学目标

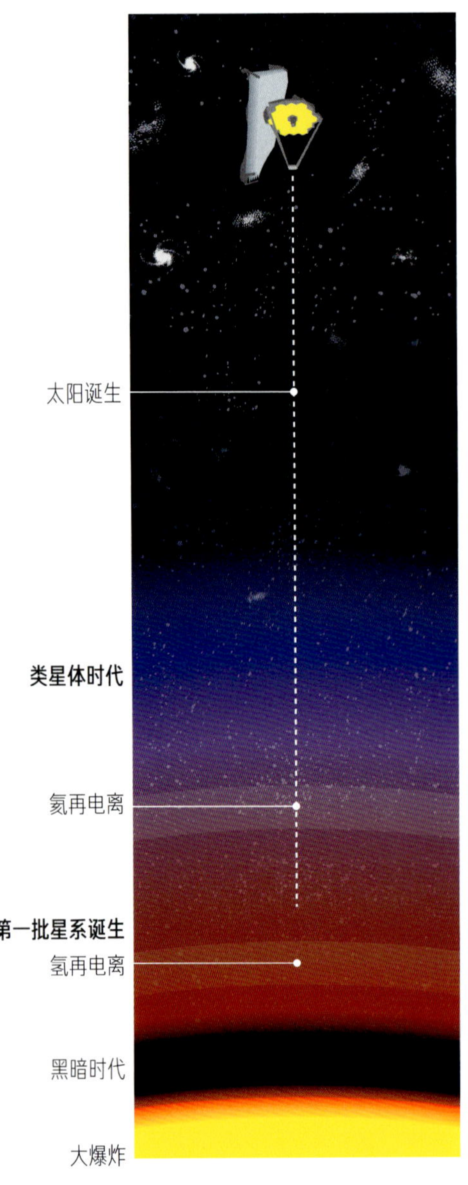

上图 宇宙从大爆炸演化至今的时间线，韦布望远镜能够看到宇宙中最早形成的一批星系——原初星系。

下图 原初星系和原初恒星发出的辐射的波长随宇宙膨胀而变长。

大爆炸宇宙论认为，在大约 138 亿年前，宇宙诞生于一个极端高温且致密的点，通常称其为奇点。宇宙中所有可见的物质以及许多不可见的物质，都是从这个奇点的爆炸中产生的。这个奇点是万物之源，甚至时间和空间本身也是从这里起源的。科学家认为，大爆炸并非发生在业已存在的宇宙之中，而是大爆炸过程本身开启了宇宙的诞生、膨胀和冷却。

在大爆炸之后的数十万年间，所有的物质和能量都混合在一起，像一锅黑暗而充满能量的原始“汤”。随着这锅“汤”逐渐冷却，微小的粒子开始结合成原子，其中绝大部分是氢原子这种最简单的原子，氢原子由 1 个质子和 1 个电子组成。直到这时，这锅“汤”依然非常浓稠。由于粒子之间靠得太近，所以光会在它们之间不停反射，以至于光依然无法自由传播。随着时间的推移，光最终可以在宇宙中自由地穿梭，宇宙变得透明起来。韦布望远镜使我们得以回溯宇宙历史，看到在极早期宇宙中形成的恒星和星系。这些恒星和星系发出的辐射穿越广袤的宇宙，最终才抵达地球。

当韦布望远镜看到这些辐射时，它们已经在宇宙中旅行了数十亿年甚至上百亿年。起初位于可见光波段的辐射现在能量变得更低，并向电磁波谱的红端移动，天文学家称这种现象为红移。与红移对应的还有蓝移，当一个天体朝向观测者运动时，就会出现这种情况。此时，天体的移动使光波就像被挤压在一起一样，波长变短，并向电磁波谱的蓝端移动。

韦布望远镜是一台强大的时间机器，凭借其红外观测能力，它能够探测到宇宙极早期的信号。韦布望远镜将进行一系列超深场巡天观

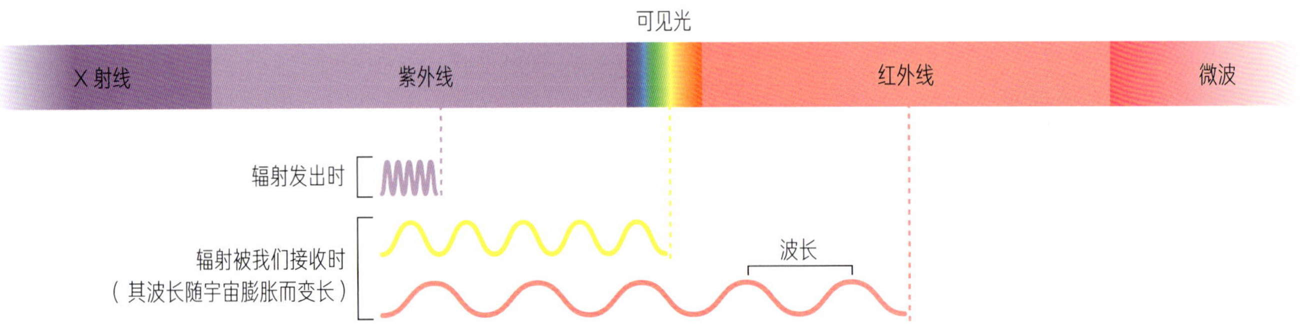

上图 这张照片显示了星团 NGC 346 内的辐射、尘埃以及一些原恒星，发布于 2023 年 10 月 10 日，由韦布望远镜的中红外仪器拍摄。

测，对观测数据进行光谱分析，就可以得到观测目标的详细信息。

了解宇宙的早期演化和原初恒星、原初星系等早期辐射源非常重要，因为它们影响了后来天体的形成。有了韦布望远镜，我们能够以前所未有的深度来探索早期宇宙。宇宙刚诞生时的极端条件在实验室中无法重现，所以，这也是我们研究早期宇宙中极端高能物理过程为数不多的途径之一。

充满星系的宇宙

哈勃望远镜拍摄的图像表明，在可观测宇宙中存在 1 000 亿—2 000 亿个星系。星系是包含恒星、行星、气体和尘埃的巨大结构，但我们花了数千年的时间才认识到这一点。

公元 964 年，波斯天文学家阿卜杜勒 - 拉赫曼・苏菲（Abd al-Rahmān al-Sūfī）第一次记录了我们银河系之外的星系。他将距离我们超过 250 万光年的仙女星系描述为“小云”（little cloud）——这个称呼一直沿用了好几个世纪。后来，天文学家建立了星系目录，不断将新发现的星系加入其中。

如今，星系对于我们理解宇宙至关重要。它们向我们展示了物质在大尺度上的行为方式，通过对星系结构的研究，可以揭开早期宇宙的面纱，了解早期的星系如何诞生的，又是如何相互作用的。

左图　这是哈勃望远镜拍摄的星系 NGC 5495 的照片。这个旋涡星系位于长蛇座，距离我们约 3 亿光年。图中最明亮的 2 颗恒星，一颗位于星系左上方，另一颗位于星系右侧，实际上它们并非 NGC 5495 中的恒星，而是属于银河系。

我们现在已经知道，大多数大型星系的中心都存在超大质量黑洞。一些科学家推测，这些黑洞可能是由宇宙中的第一批恒星演化而来的，它们在这些恒星发生超新星爆发时形成，但这些黑洞的起源目前尚无定论。关于星系，还有很多疑问有待解答，比如它们是如何形成的，其中的恒星是如何形成的，以及为什么星系的种类如此之多，等等。

在某种程度上，多亏了高分辨率的哈勃望远镜，我们才能领略不同种类星系的美妙：优雅的旋涡星系看起来像由恒星组成的旋风，由恒星和尘埃组合而成的椭圆星系在漆黑的太空背景下看起来像模糊的暗影。但我们认为，早期宇宙中形成的星系看起来并非如此，那时的星系往往个头更小，并不具有像旋涡星系那样明确的形态，仅是大致有个形状，当然其中的原因目前我们并不清楚。此外，这些早期星系中的恒星形成速率，比我们在目前星系中看到的要高得多。韦布望远镜已经在为这些问题的解决提供线索了。

原本韦布望远镜对红外辐射的探测灵敏度就极高，性能卓越的光谱仪更是让其如虎添翼。除了为我们提供关于星系常规性质的信息，它还帮助我们探测星系的化学成分，并填补我们对宇宙某些领域认知的空白。

下图及右页图 下面的左右 2 张照片分别是仙女星系的红外图像和光学图像，它们都是利用 2004 年斯皮策望远镜的观测数据绘制的。这 2 张照片向我们展示了同一个目标天体在不同波段下的差异。

第 44—45 页图　图中展示的是大麦哲伦云（即大麦哲伦星系）中一个巨大的恒星形成区 N79，该图根据韦布望远镜中红外仪器的观测数据绘制。图中放射状的八角星芒图案是韦布望远镜独有的观测特征，这源于其镜片设计，并非真实情形，是观测非常明亮的天体时才会产生的现象。

神秘的暗物质

暗物质是当今宇宙学和物理学中最重要的研究课题之一。这种物质弥漫在整个宇宙中，但我们却无法直接观测到它，我们知道暗物质的存在，只是因为观测到了它对宇宙中可见物质的影响。暗物质和电磁辐射之间没有相互作用，所以我们难以确定它到底是什么。

20 世纪 30 年代，天文学家发现星系团中星系的旋转速度比理论预测的更快，这表明星系团中包含很多在当时的技术条件下无法观测到的物质（暗物质），否则，仅凭可见物质是无法束缚住这些星系的。到了 20 世纪 80 年代，大多数天文学家都对暗物质的存在深信不疑，现在我们知道它占宇宙总质能的四分之一以上（26.8%），而暗能量——另一种同样弥漫在整个宇宙中并对宇宙膨胀起到驱动作用的未知能量，约占宇宙总质能的三分之二（68.3%）。而我们通常能够观测到的物质，也就是可以通过电磁相互作用被探测到的普通物质，包括行星、恒星和星系等，仅占宇宙总质能的约 4.9%，这一事实让人惊讶。

有些人将暗物质描述为支撑宇宙的“脚手架”，可见物质聚集在“脚手架”周围，他们认为这可能就是恒星和星系形成的方式。韦布望远镜凭借其高灵敏度和探测原初恒星、原初星系的强大能力，帮助我们理解暗物质在宇宙中的作用。

恒星的诞生

恒星在由气体和尘埃组成的巨型旋涡状云团中孕育，这种云团被称为星云。有时，这些旋涡状的星云会发生坍缩，这是由于星云内部的气体和尘埃会因引力作用而聚拢在一起。随着坍缩过程的进行，星云中心的压力和温度都逐渐上升。随着越来越多的物质聚集在坍缩的核心里，核心对外部物质的引力也进一步增强，促进了物质的坍缩过程。当核心的质量达到临界值时，一颗原恒星就诞生了。在原恒星内部，温度和压力都达到了极高的水平，可能能够引发某些类型的核聚变。

原恒星会继续从周围的星云中吸积气体和尘埃。为了更好地理解恒星的形成过程，我们经常进行计算机模拟。这些模拟表明，旋转的发光物质团有时能形成不止 1 颗恒星，实际上还可能分裂成 2 颗或 3 颗相邻的恒星，这和我们在宇宙中看到的情况一致——双星系统和三星系统在观测中是很常见的。但关于这个形成过程的具体细节，仍有许多悬而未决的问题。科学家研究该过程时受到的限制主要在于，该过程产生的可见光无法从星云核心逃逸出来，因此观测可见光的望远镜无法观测星云的核心区域。

韦布望远镜的高灵敏度使其可以探测到从这些星云中逃逸出来的红外辐射，接收来自其中剧烈演化过程及其周边物理环境的信号。有了这些信息，天文学家就可以对恒星的全生命周期开展研究，观察它们如何诞生、演化、相互作用，以及如何在死亡时将其合成的重元素（天文学中指原子序数比氢、氦更高的元素，也叫金属元素）抛入太空，为下一代恒星和行星的形成提供原材料。

当然，上述研究也可以帮助我们理解太阳系中恒星和行星的形成。太阳的前身同样是诞生于星云中的原恒星，原恒星继续吸引周围的物质，直至开启氢聚变。对宇宙中其他恒星的研究，可以帮助科学家更好地理解太阳和太阳系行星的具体演化过程。尽管太阳系与其他行星系统有很多相似之处，但到目前为止，地球依然是我们已知的唯一一颗具备所有维持生命必要条件的行星。从遥远的太空中回望，我们赖以生存的地球只不过是一个微不足道的蓝色小点，而对太阳和太阳系行星演化的研究，将为我们在宇宙中搜寻可能存在生命的遥远行星指明方向。

生命的起源

地球是一颗特殊的星球。在浩瀚的宇宙中，这颗微小如尘埃般的星球是目前已知唯一的生命家园，其中的原因错综复杂。地球位于宜居带内，这意味着它与其母恒星——太阳的距离恰到好处，从而为液态水的存在提供了必要条件。

大气也为液态水的存在提供了必要的保障。薄薄的大气就像一个防护盾，阻挡了来自太阳的强烈辐射，否则太阳会将地面烤焦。此外大气还通过循环的方式来进行热量输运，以调节全球的温度。我们的星球是一颗岩质行星，不像太阳系外围的气态巨行星和冰质巨行星，这意味着我们脚下有坚实的土地来支撑我们的活动。

下图　美国国家航空航天局的朱诺号木星探测器拍摄到的木星表面旋涡状的风暴，木星是一颗气态巨行星。

在人类历史的大部分时间里，我们都认为地球和太阳系中的其他行星是宇宙中独特的存在。随着第一颗系外行星于20世纪90年代被发现，这种认知受到了挑战，后来，我们又发现了数千颗系外行星，而且可以肯定的是，还有更多系外行星有待发现。我们目前对系外行星的认知在很大程度上要归功于“行星猎人”——开普勒望远镜。

借助凌星法，性能强大的韦布望远镜也有望为系外行星的目录增添新成员。当一颗系外行星刚好运行到观测者和恒星之间时，天文学家可以推断出系外行星的信息，例如它的大小和轨道周期。在某些情形下，如果观测方向合适，我们还可以利用光谱分析技术来研究穿过系外行星周围稀薄大气的那一小部分恒星光线，从而了解系外行星大气的化学成分。韦布望远镜上还搭载了星冕仪，这使它能够直接观测位于明亮恒星旁边的系外行星。星冕仪可以阻挡来自恒星的强光，因此天文学家能够看到围绕它们运行的暗淡的系外行星。

关于行星的形成，仍然存在一些谜团。作为科学家，我们期望韦布望远镜对系外行星的观测能帮助我们更好地理解这些行星和行星系统的形成过程。“热木星”是一种常见的系外行星类型，它们位于距离其母恒星较近的“炽热”轨道上，“热木星”围绕其母恒星公转的速度很快。以地球作为参照，“热木星”上的1年只相当于几个地球日，更有甚者几个小时就能绕母恒星公转1周。

这就引出了一个问题：与“热木星”相比，我们太阳系中的木星是一颗寒冷的、距离母恒星很遥远的行星，显得很另类，它是不是独一无二的？或者，“热木星”是否原本诞生于行星系统的外围，然后才慢慢向内迁移至现在的内侧轨道？有一种理论认为，行星系统在早期演化中会遗留很多由尘埃、碎片组成的环状结构，看起来就像涟漪一样，年轻的行星会与这些物质碰撞，导致行星速度减小。于是，行星的运行轨道会向着恒星迁移。这是否也是木星的宿命呢？

过去，我们在寻找可能存在生命的系外行星时，一直把注意力集中在那些位于恒星周围宜居带的行星上。但系外行星的大气在温度调节方面也起着非常重要的作用，一层厚厚的大气可能会使宜居带之外的行星也变成宜居行星。韦布望远镜在凝视宇宙深处时，将寻找这些具备生命诞生条件、可能存在生命迹象的系外行星。但需要注意的一点是，对地外生命的搜寻仅建立在我们对地球上已知生命形式——碳基生命的理解基础上，也许生命可以以未知的其他形式存在。有一门新兴的被称为天体生物学的交叉学科，这个领域的科学家设想了在类型众多的系外行星上可能存在的各种生命形式。

虽然我们对在太阳系外发现宜居行星和生命感兴趣，但我们也非常渴望能在太阳系内部发现生命存在的迹象。韦布望远镜可以在太阳系中搜索与生命相关的分子，并为目前正在进行的科学项目——比如火星上火星车的探测任务提供支持。

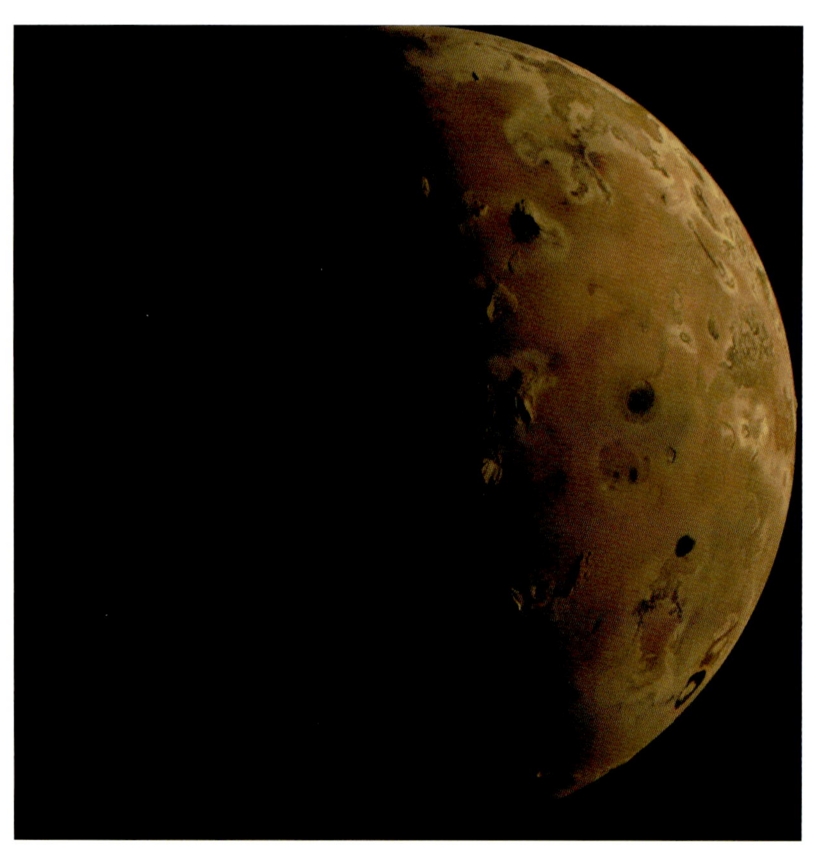

顶部图 美国国家航空航天局的朱诺号木星探测器拍摄的木卫一照片，木卫一表面遍布火山，而且火山活动频繁。

上图 这是美国国家航空航天局的好奇号火星车在探索火星表面时拍摄的自拍照，它正在火星表面寻找生命的迹象。

韦布望远镜上的科学仪器

韦布望远镜配备了 4 台定制的科学仪器。望远镜的其余部分——光学模块、航天器模块和遮阳板子系统协同工作，以保障这些科学仪器能够获得高质量的观测数据，从而让科学家能够进行在其他任何天文台都无法进行的科学研究工作。

近红外相机

近红外相机是韦布望远镜的主要成像仪，可探测近红外辐射。它有 3 个组成部分：相机、光谱仪和星冕仪。它最适合寻找系外行星，并且可以探测到来自早期宇宙和近邻星系中的恒星以及地球的红外辐射。

近红外光谱仪

近红外光谱仪接收望远镜探测到的红外辐射，并将这些辐射分解成光谱。恒星或其他天体中发生的化学反应会吸收相应的辐射，而每种化学反应所吸收辐射的波长范围很小且是固定的，吸收过程在光谱上表现为细细的黑线，因此，光谱就像是化学反应的“指纹”。通过分析光谱，可以了解天体内部发生了哪些化学反应。这有点像远程化学分析，可以由此获得天体物质成分的信息。

下图　韦布望远镜所搭载的科学仪器及其功能示意图。

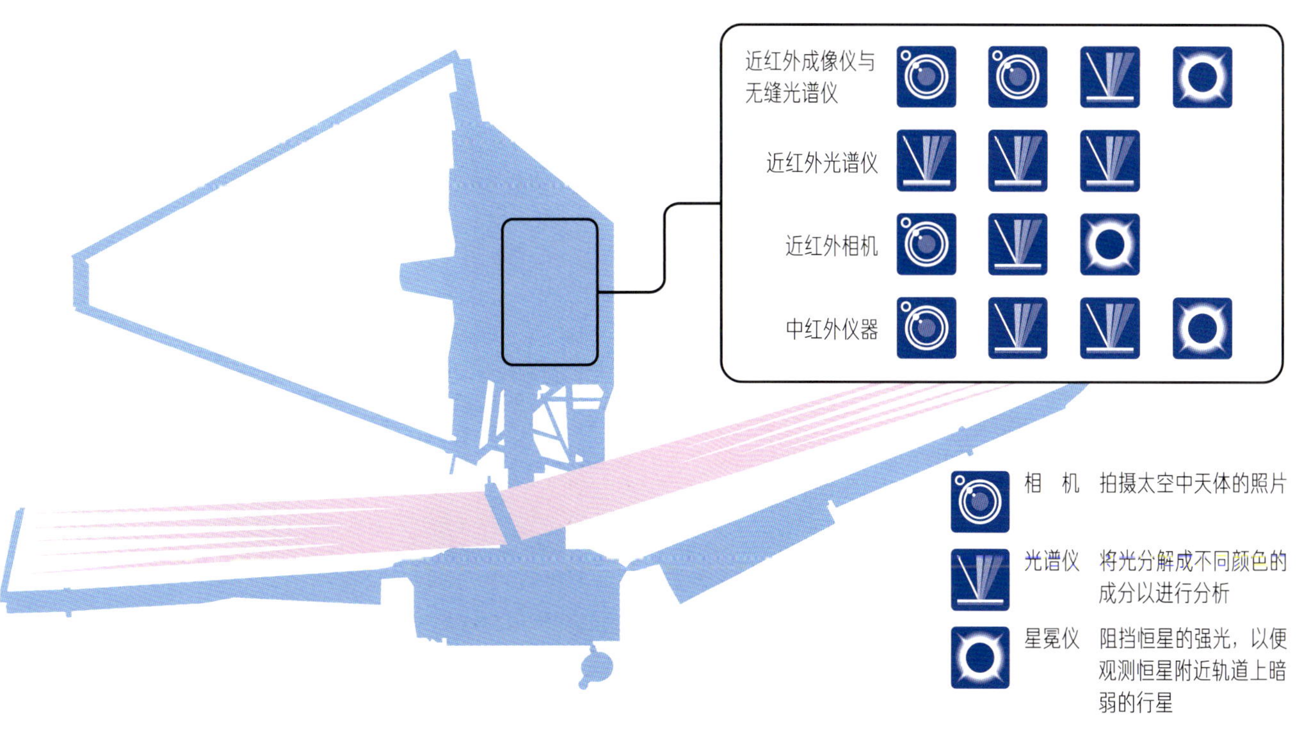

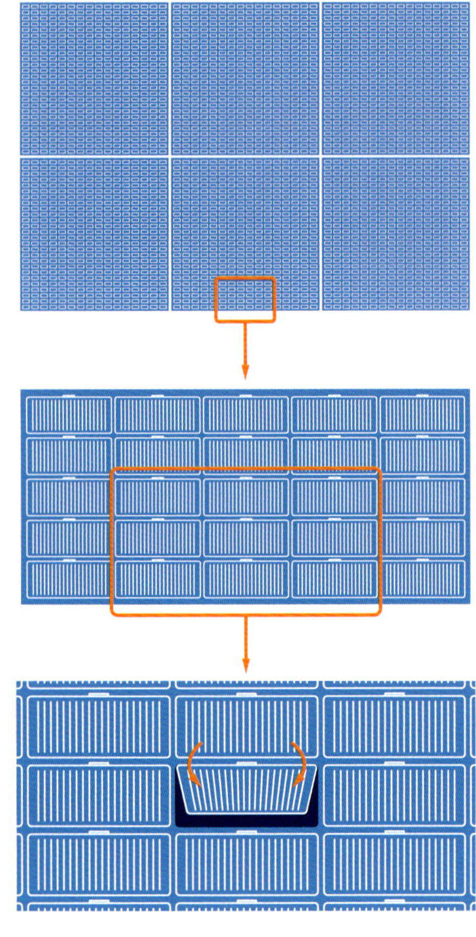

上图　近红外光谱仪的微快门阵列示意图，其中包含约 25 万个微型挡板，通过控制挡板的打开和关闭，可以聚焦特定的天体。

右页图　使用近红外相机和中红外仪器拍摄的星系 NGC 3256，这个星系是 2 个星系碰撞后的产物。

除了可以通过光谱学进行化学分析，还可以根据光谱中谱线的红移和蓝移来得到天体运动的信息。韦布望远镜的近红外光谱仪可以同时观测多达 100 个天体，这种强大的多目标观测能力是通过一种被称为微快门阵列的工程设计来实现的。这是一种包含很多个微小快门单元的阵列，每个快门单元只对应着很小的观测窗口，上面都覆盖着微型挡板。当挡板打开时，辐射就可以通过窗口，如果窗口外没有感兴趣的观测目标，挡板就保持关闭。整个阵列包含大约 25 万个这样的挡板，每个挡板的尺寸只有 100 微米 ×200 微米，科学家通过磁场对每个挡板进行单独控制。25 万个挡板被分为 4 个象限，每个象限仅相当于一张邮票的大小。当近红外光谱仪观测一片天区中的恒星时，我们可以根据需要打开和关闭特定的挡板，来分析特定恒星，同时屏蔽来自该恒星附近的其他恒星信号的干扰。

近红外光谱仪的另一个重要组成部分是积分视场光谱仪，这正是我和我的团队所负责的。积分视场光谱仪是一种现代化的光谱分析设备，用于获取大型延展型天体（比如星云或土卫六）的详细光谱。常规光谱仪拍摄的光谱是从天空中的单一目标获取的，比如一颗恒星或一颗行星，而积分视场光谱仪在观测时可以将一个较大的延展型天体划分为不同的子区域，分别对其进行观测。这些不同的子区域又被称为空间像素（spaxels），可以从这些空间像素中分别获取光谱。例如，可以使用积分视场光谱仪将银河系中心的光谱与银河系边缘的光谱进行比较。

中红外仪器

顾名思义，中红外仪器工作在中红外波段。它包含一台相机、一台光谱仪和一些灵敏度很高的探测器，可以观测可见光发生红移后形成的中红外辐射。观测中红外辐射对于理解早期宇宙非常重要，因为大部分来自早期宇宙的可见光在到达地球之前已经由于宇宙的膨胀发生了红移。中红外仪器的相机可用于宽视场成像，它是基于哈勃望远镜的宽视场相机研制的，继承了哈勃望远镜的天文摄影能力。

精密导星传感器 / 近红外成像仪与无缝光谱仪

精密导星传感器 / 近红外成像仪与无缝光谱仪（FGS/NIRISS）是包含在一台仪器内的 2 个组件。精密导星传感器使韦布望远镜能够准

上图 掩模会阻挡部分光线，从而使望远镜变成一个迷你干涉仪。

确地指向目标天体，而近红外成像仪与无缝光谱仪有多种不同的工作模式，可以研究不同波段的近红外辐射。

近红外成像仪与无缝光谱仪特别擅长捕捉“第一束光”（即宇宙中第一代恒星和星系发出的光）以及发现和分析系外行星。它有 2 种光谱模式：当使用宽视场无缝光谱模式时，它能够捕获观测目标的整体光谱，无论观测目标是整个星系还是包含多个恒星的天区；而在单目标无缝光谱模式下，它可以针对单一目标的光谱进行观测。

近红外成像仪与无缝光谱仪还可以作为孔径掩模干涉仪来使用，此时用掩模来遮挡望远镜镜面的部分观测窗口，以阻挡这些窗口收集的光线到达探测器。这样做看起来似乎有些违反常理，在条件允许的情况下，天文学家通常会选择口径更大的望远镜，因为在其他条件相同的情况下，望远镜的口径越大，接收的光线就越多，观测能力就越强。但这里的情况有所不同，因为掩模使仪器具备了干涉测量的能力。干涉仪是一种应用广泛的研究工具，其工作原理是，来自同一个波源的电磁波被分成 2 束或更多束，经过不同路径传输后会合，产生干涉。

在孔径掩模干涉仪模式下，不同窗口会产生多束光线。当这些不同光线组合在一起时，就会形成明暗相间的干涉图案。此时，尽管我们接收的光线变少了，但通过对干涉图案的分析，却能获得更高的分辨率。分辨率是指看到所观察对象细节的能力，例如，如果 2 个天体在太空中非常接近，使用低分辨率望远镜观测时会把它们误判为 1 个天体，而使用这项技术则可以分辨出它们是 2 个独立的天体。利用这种干涉效应，近红外成像仪与无缝光谱仪可以获得细节更丰富的观测图像。

绘制星空

韦布望远镜从遥远太空传回地球的壮美图像，仿佛是由艺术家的丹青妙笔在黑丝绒似的太空背景中绘制出来的。但韦布望远镜并没有能检测可见光的相机，它接收的是近红外和中红外波段范围内的信号，因此，它并不能拍摄出我们肉眼所能看到的太空。最终向公众展示的图像，并不是它所拍摄内容的直接呈现，而是经过长时间细致加工所得到的成果。

韦布望远镜搭载的近红外相机能够捕捉波长较短的近红外辐射，

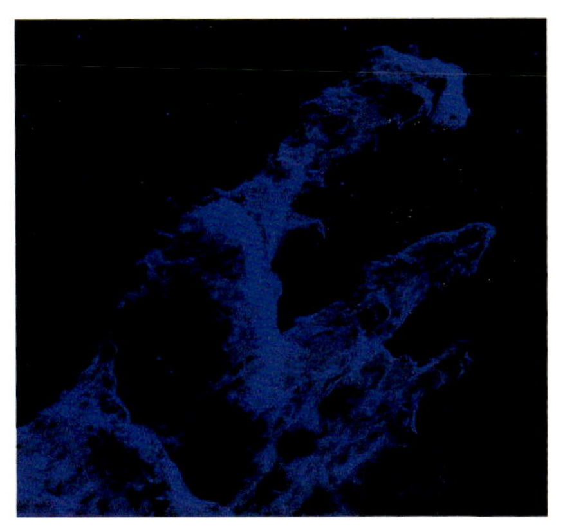
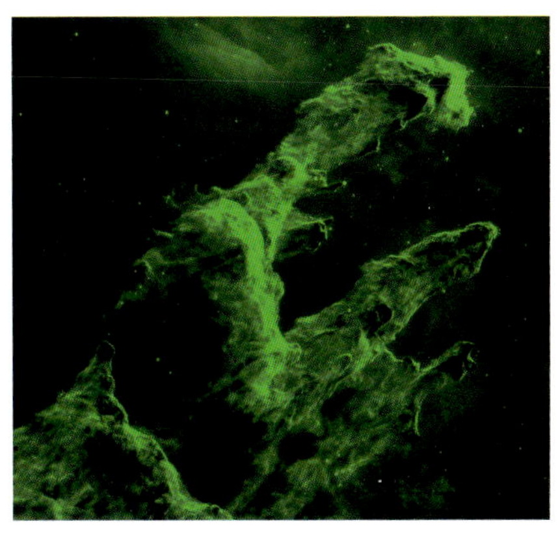

上图 科学家为不同的波长赋予了不同的颜色。这里展示了位于鹰状星云的创生之柱在中红外仪器观测中的颜色分配情况。

而中红外仪器则负责探测波长较长的中红外辐射。韦布望远镜所拍摄的图像和获取的数据会经过数字化处理并通过无线电波传回地球。如果直接用肉眼去看，这些原始图像只是一片漆黑，因为肉眼无法感知红外辐射。但事实上这些图像中包含大量信息，每个像素都可能包含超过 65 000 种红外辐射中的 1 种。

成像专家会将不同色调（波长）的红外辐射映射到不同颜色（波长）的可见光上，从而得到我们肉眼所见的壮丽图像。波长最短的那些红外辐射被映射到蓝色波长范围的可见光上，波长较长的红外辐射被映射到绿色波长范围的可见光上，而波长最长的那些红外辐射则被映射到红色波长范围的可见光上。这样，不可见的红外图像就被转化成可见的图像，供我们观赏。

为不同波长的红外辐射分配颜色并不是一个简单的、机械的过程。韦布望远镜拍摄的每幅图像都要经过专业人士的仔细检查、调整和编辑，既要考虑美观，又要保证科学上的准确性。成像专家会与设计师以及负责观测的科学家协商，确保最终的图像能够准确地传达科学数据的本质。

有时，这些加工后的图像对天文学家也有用处，因为这些图像可以使大型结构（如星云）的不同特征得到突出显示，但大多数时候，天文学家都直接处理原始数据——通过屏幕上的一系列数值来做出科学发现。许多相机都有针对特定元素或分子的滤镜，韦布望远镜的近红外相机也一样，它总共有 29 个滤镜，其中一些可以检测水和甲烷等分子。另外，中红外仪器也有 9 个滤镜。韦布望远镜拍摄图像时通常会使用不同滤镜的组合，由此获得的数据可以帮助天文学家更深入地了解那些隐藏在遥远宇宙现象背后的本质。

03

伟大发现与壮丽影像

韦布望远镜因其拍摄的精美照片而闻名于世，欣赏这些照片，就像进入了一场华丽的宇宙电影，那些从前鲜为人知的角落里的秘密，被清晰地呈现在我们眼前。

但韦布望远镜探测的信号是我们肉眼看不到的。它既不观测肉眼可见的蓝光和绿光，也不观测波长很长的无线电波（因为波长很长，人们容易产生无线电波慢悠悠的错觉）。同样，韦布望远镜也不观测能量更高的 X 射线或 γ 射线。它的巨型镜片只将红外信号反射到其灵敏度超高的仪器上，而高灵敏度的观测为我们提供了前所未有的宇宙视角。

它每天观测产生的数据量之大令人难以置信，这一数值大约为 57 吉字节（GB），相当于 30 部电影的大小。相比之下，哈勃望远镜每天观测所产生的数据量仅有约 1.5 吉字节，不到前者的 1/30。

韦布望远镜通过深空探测网（Deep Space Network）传输观测数据。深空探测网是一个无线电天线阵列，在美国加利福尼亚州的戈德斯通、澳大利亚的堪培拉和西班牙的马德里，都布置有深空探测网的天线。借助这 3 个地区的天线，就可以覆盖地球之外所有方向的信号。这意味着，科学家可以通过将上述天线指向韦布望远镜来发送或接收信号，以实现与它的不间断通信。

在接收到韦布望远镜传回的数据后，深空探测网会将其传输到位于美国巴尔的摩的空间望远镜研究所，在那里进行数据处理并与科学界共享数据，最终存档。

我们看到的每一幅图像，都是韦布望远镜数小时甚至更长时间观测的成果，其中凝结了各个领域（包括数据处理、天文学、成像等）专家的大量心血。

左图 三角星系中的恒星形成区 NGC 604，它距离我们大约 273 万光年，其中含有 200 多颗正在熊熊燃烧的炽热巨星。本图根据韦布望远镜的近红外相机数据合成。

近邻空间：太阳系及其外围

小时候，我听说的关于宇宙起源的故事都来自古希腊和古罗马的神话传说，其实在世界各地的所有文化中，人们都对这些终极问题非常感兴趣，譬如：我们从哪里来？人类存在的意义是什么？从远古神话到科学探索，人类对宇宙的认知经历了漫长的演变，而其中非常关键的一个部分，便是理解我们周围的近邻空间。

人们通常认为，地球绕着太阳公转这一观点是 16 世纪波兰数学家和天文学家哥白尼（Copernicus）最先提出的。然而，鲜为人知的是，古希腊天文学家萨摩斯的阿利斯塔克（Aristarchus of Samos）早在公元前 3 世纪就已经提出了日心说（即“太阳是宇宙中心”的学说）。他认为月球绕地球运行，而地球则绕太阳运行。从那时起，尽管还有很多未知之处，但我们对地球在宇宙中的位置有了更准确的理解。

左图 国际空间站飞越南大洋（Southern Ocean，又译南冰洋、南极海）时拍摄的地球和月球的照片。

我们的太阳系是如何形成的

大约 46 亿年前，一团星云受到扰动，其中的物质开始聚集在一起。这一事件标志着太阳系开始形成。物质聚集成较小的颗粒，接下来颗粒聚集成越来越大的团块。摩擦和碰撞使团块中的物质损失角动量并向中心迁移，逐渐形成一个旋转的盘状结构，称为吸积盘。这个圆盘的中心因为物质越聚越多而变得更加致密，当中心的物质足够多时，一颗原恒星便形成了。随着更多物质的聚集，原恒星达到某个临界质量，其核心内的高温和高压环境将会触发核聚变。

上图 太阳的中心一直在发生核聚变，核聚变产生大量能量。

核聚变使氢等元素的原子核融合在一起，形成氦等新元素的原子

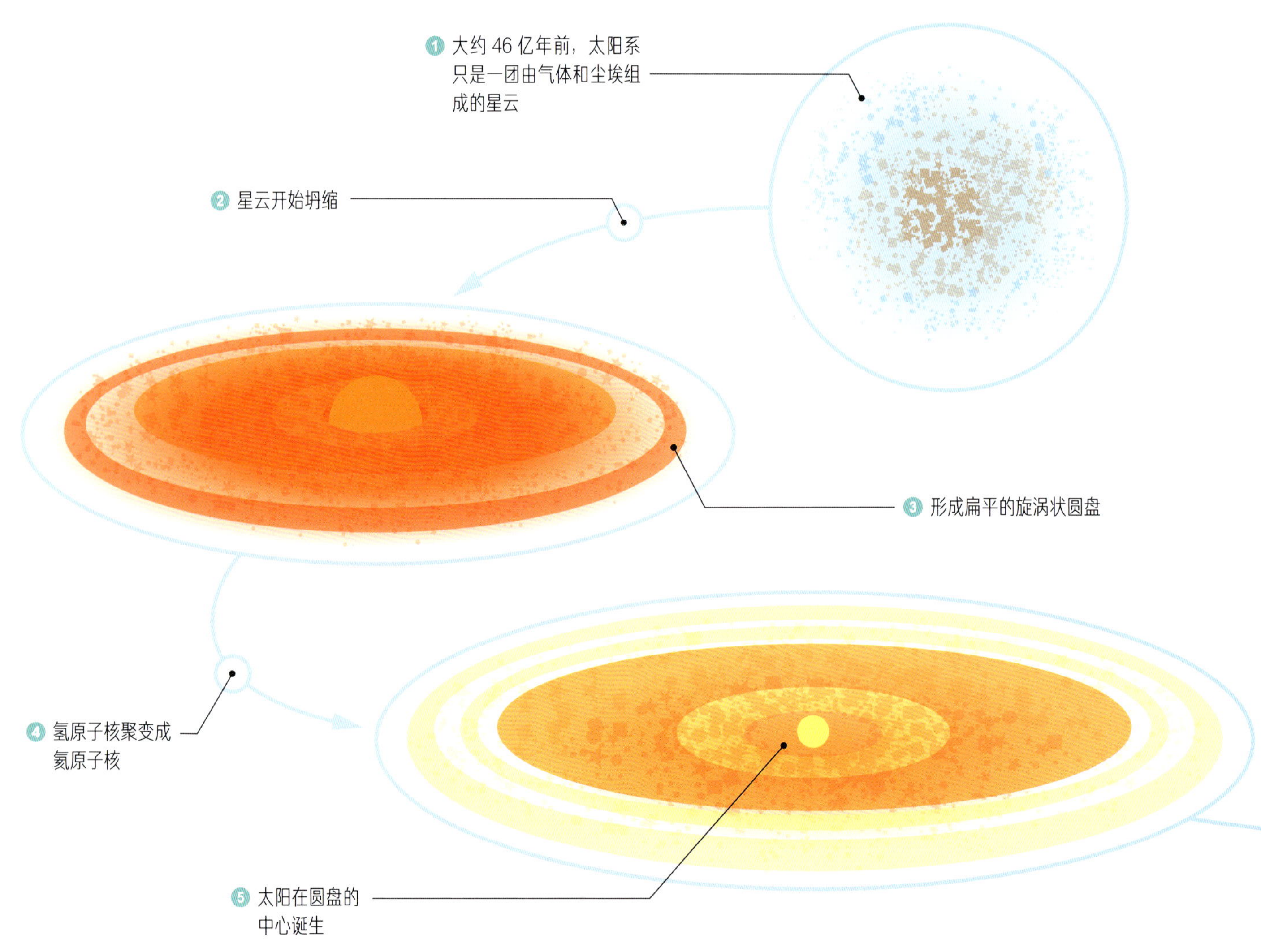

核。这种融合过程在每颗恒星的核心发生，会产生新元素并释放出大量能量，使恒星发出耀眼的光芒，我们用望远镜可以探测到这个过程放出的电磁辐射。

圆盘外围的物质虽然不是恒星形成的原材料，但最终也聚集在一起，形成了行星、卫星、小行星和其他较小的天体。当然，实际上太阳系的演化过程更加复杂，早期形成的太阳系天体相互碰撞、分裂，并在数十亿年的时间里持续发生相互作用。我们所在的地球以及围绕太阳运行的其他行星，在这期间的经历被记录在其化学组成、表面形态和大气中。借助韦布望远镜，我们正在挖掘关于这段历史的更多信息。

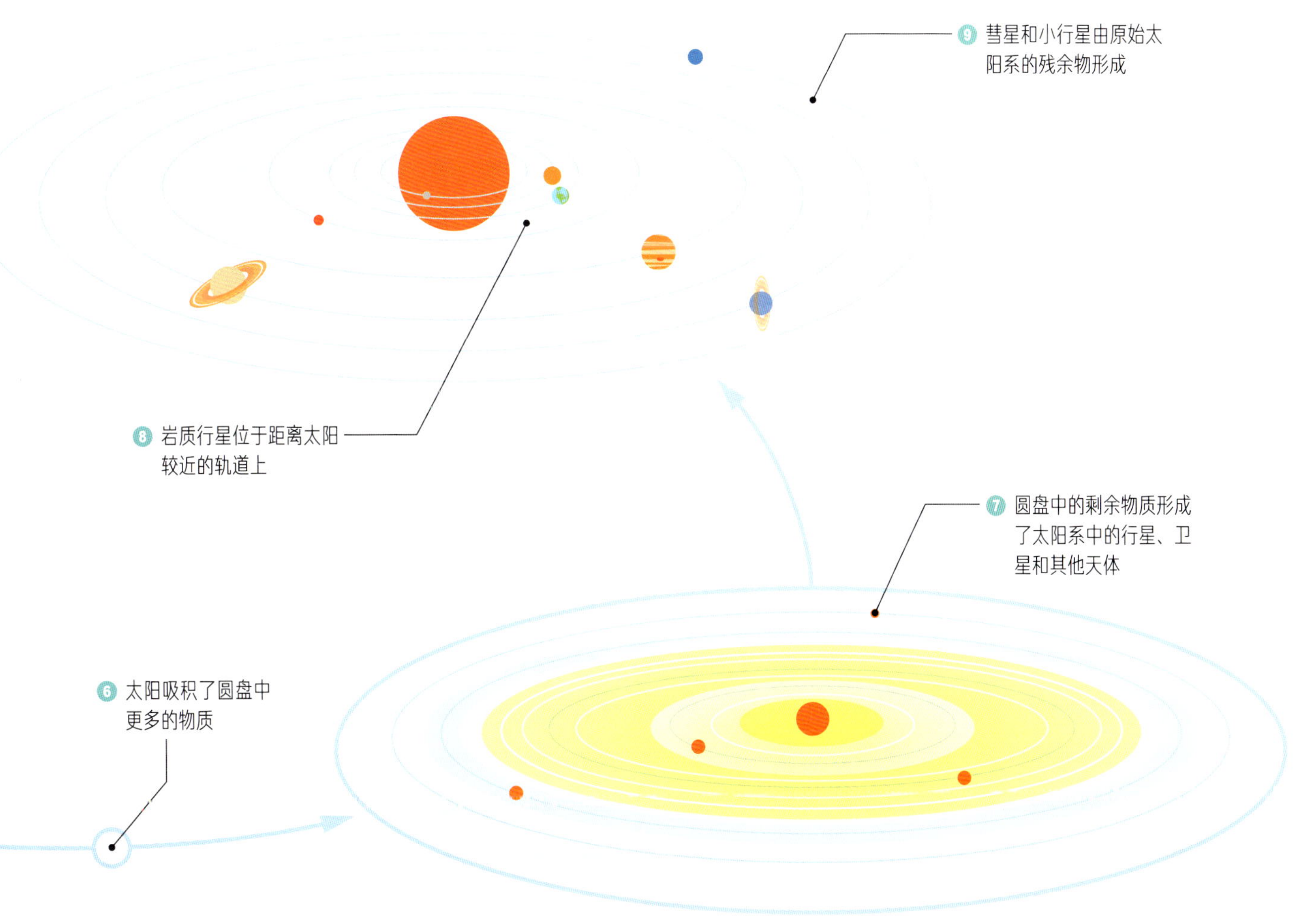

木星

到太阳的平均距离：约 7.785 亿千米

观测：可在所有波长下观测

右图 强大的风暴在木星表面肆虐，而极光在木星的极区闪耀。这张照片由韦布望远镜拍摄的多张照片合成。

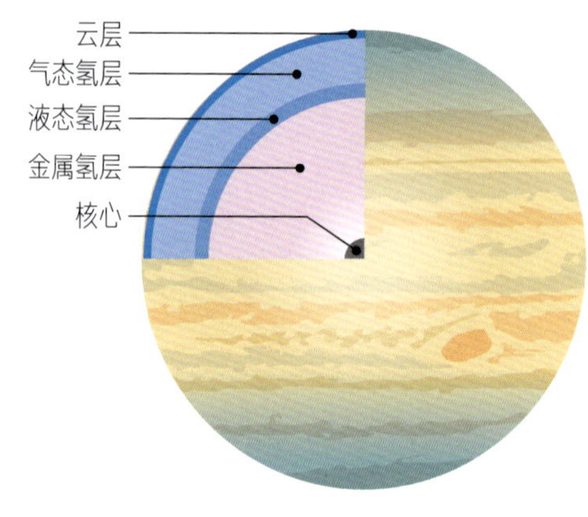

上图　木星的分层结构示意图。

木星是距离太阳第五近的行星，也是太阳系中体积最大、质量最大的行星。下面的描述可以让大家对这一点有更清晰的认识：木星内部大约可以装进 1 300 个地球，而木星的质量大约是地球的 320 倍。木星是以古罗马神话中掌管天空和雷电的主神朱庇特（Jupiter）的名字命名的。

与地球不同，木星是一颗气态巨行星。人们认为它有一个由金属氢构成的层，因此具有很强的磁场。地球也有一个环绕自身的磁场（常称其为磁层），但木星的磁场比地球强得多。如此强大的磁场意味着在这颗气态巨行星的两极会产生非常壮观的极光，下图中木星两极呈现的红色部分就是极光。这些极光向大气中延伸了数百千米，部分极光的辐射会被大气反射回木星表面。

风暴行星

木星是名副其实的风暴行星，这些风暴中最著名的是大红斑。在下图中，我们可以看到它位于赤道带的右下方。这个巨大的风暴最早是在 1831 年（也有观点认为是 1665 年）被观测到的，在近 200 年的

下图　近红外相机拍摄的木星赤道急流图像，其宽度超过 4 800 千米。

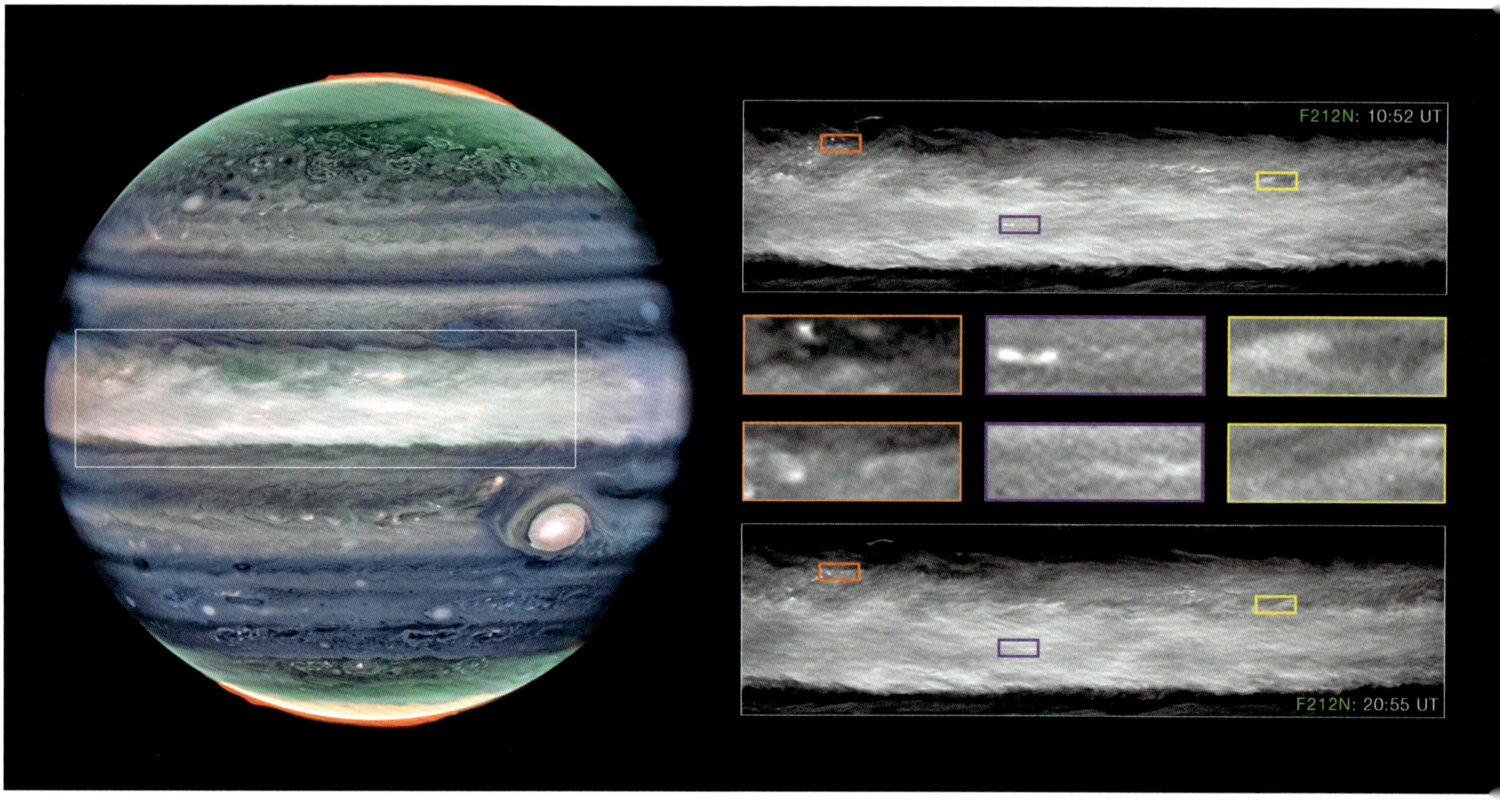

时间里一直存在，但其真正的持续时间可能还要长得多。在可见光波段，它看起来是红色的（不过没有人知道这是为什么）。在韦布望远镜拍摄的照片中，它呈现为一个浅色的旋涡。

木星的大气和地球一样，具有多层结构，不同高度大气的典型风速不同。在左页下方这幅图像中可以发现，在木星赤道附近有一个高速气流，其宽度超过 4 800 千米，速度高达 515 千米每小时，比地球上有记录的最高飓风速度还要高。

左页下方的图中用白点和条纹突出显示了高处的云层，不过其中某些云层实际上可能是在木星表面上方旋转的风暴。我们可以通过不同波段的观测来了解木星等行星的大气中的动态气流变化。通过将韦布望远镜的红外数据与其他地基望远镜（如双子望远镜）和空间望远镜（如哈勃望远镜）的数据结合起来，可以获得比简单将所有波段数据合并更有价值的信息。

木星的卫星群

上图 科学家怀疑木星的卫星欧罗巴（即木卫二）的冰质表面下存在液态水的海洋，这里的图像是用近红外相机拍摄的。

木星除了体积庞大，为人熟知的还有其卫星众多。其中一些卫星，如木卫二，由于可能有水存在而格外引人注目。木星还有非常暗淡的环，很难观测到。利用韦布望远镜上搭载的超灵敏设备——近红外相机，能够拍摄到木星环的照片。

截至 2023 年，被国际天文学联合会（IAU）正式确认的木星卫星有 92 颗。其中一些卫星很小，很可能是较大卫星相互碰撞后的残余物，而另一些则和行星一样大。木星的冰质卫星木卫三是太阳系中最大的卫星，它比水星还要大，是已知唯一一颗拥有磁场的卫星——这一特性通常只有像地球这样的行星才具备。据推测，木卫三的地下可能存在一个咸水海洋，其中的水量比地球表面所有水的总量还要多。这颗卫星被视为可能具备生命诞生的条件。

土星

到太阳的平均距离：约 14.29 亿千米

下图 这是土星及其 3 颗卫星——土卫四、土卫二和土卫三的照片（由近红外相机拍摄）。从图中可以看到这颗气态巨行星明亮冰环的细节。

与比它个头更大的同胞兄弟木星一样，土星也是一颗气态巨行星。科学家认为土星内部可能存在一个岩质核心，但目前尚无定论，因为土星核心被厚厚的包含氢和氦的气态外层包裹。土星的高层大气中富含氨分子，所以其外表呈现出特有的淡黄色。

土星是距离太阳第六近的行星，以古罗马神话中农业之神萨图恩（Saturn）的名字命名。在西方文化中，以土星来命名星期六（Saturn's day，意为“土星日”）。

土星是太阳系中的第二大行星，质量是我们地球的 95 倍以上，同时它也是太阳系中密度最小的行星，大概只有地球密度（5.5 克每立方厘米）的 1/8，比水的密度还要小，这其实是因为它包含大量的气体。此外，由于自转速度较快，土星看起来像一个被压扁的球，这一点比木星更明显。仅土星和木星这 2 颗行星，其总质量就占了太阳系中所有行星总质量的约 92%。

壮丽的光环

土星最著名的特征可能要数其光环了，这是一个位于土星赤道面上的蔚为壮观的环系（包含很多个环），通常被称为土星环。土星环的主要成分是水冰，还含有包括碳在内的少量其他元素。土星环的含水量随其与土星距离的增加而升高，因此最外围的环是最“纯净”的水冰环。

组成土星环的物体大小差异很大，从微小的尘埃颗粒一直到直径达 30 米的“巨无霸”。土星环中最大的环直径可达约 27 万千米（相当于地球直径的 21 倍），但每个环的平均厚度只有 20 米——相当于 5 层楼的高度。在第 66—67 页的红外照片中，相比于土星本体，土星环看起来更为壮观。韦布望远镜的超高分辨率还使我们得以看到这些环之间的细小间隙。

从某种程度上说，正是因为土星外貌平凡，才衬托出了土星环的壮观。而土星看起来平平无奇的原因在于，它的大气吸收了红外辐射，而韦布望远镜正是为观测这些辐射而设计的。土星环能反射太阳的红外辐射，因此它们在太空的黑暗背景下显得明亮夺目。

上图 这张土星及其卫星的照片，是由美国国家航空航天局的卡西尼号土星探测器拍摄的 6 张照片合成的。

许多卫星

韦布望远镜还对土星的卫星群进行了观测。目前，已知有超过 140 颗卫星在围绕这颗气态巨行星运行，但并非所有卫星都有名字。在第 66—67 页的照片中我们可以看到一些较大的且有名字的卫星——土卫四、土卫二和土卫三。

2023 年，借助韦布望远镜，天文学家在土卫二上观测到了从其表面喷射而出的一股巨大的水蒸气羽流。在此之前，科学家也曾在这颗“海洋星球”上探测到过羽流，但新发现的羽流规模特别大。它从类似间歇泉的火山口喷出，向上延伸了近 10 000 千米——约等于洛杉矶到莫斯科的距离。我们认为，土卫二羽流中的水蒸气为土星环提供了原料，甚至可能形成一个新的水冰光环。

在土星的众多卫星中，土卫六最引人注目。它非常大，是太阳系中除木卫三外最大的卫星，甚至比水星还大，但真正让它在众多卫星中显得与众不同的一点是，它是已知唯一一颗拥有稠密大气的卫星。绝大多数卫星的表面引力都不足以维持稳定的大气，这是因为它们的质量不如行星大，因此无法俘获和束缚足够多的气体。

在所有的太空任务中，我对 2005 年 1 月欧洲空间局的惠更斯号着陆器在土卫六着陆这一事件的记忆尤为深刻。在它着陆后，我们看到了一条古老的河床，上面布满了由流体侵蚀形成的鹅卵石。科学家认为，这些鹅卵石可能是受液态甲烷侵蚀而形成的。此外我们还发现，在土卫六表面有稳定的液态物质存在，在此之前，地球是太阳系中已知的唯一具备这一特征的星球。惠更斯号着陆器在距离地球超过 12 亿千米远的地方成功着陆，这是迄今为止人类所发射探测器着陆距离的最远纪录，是太空探索中的真正里程碑。

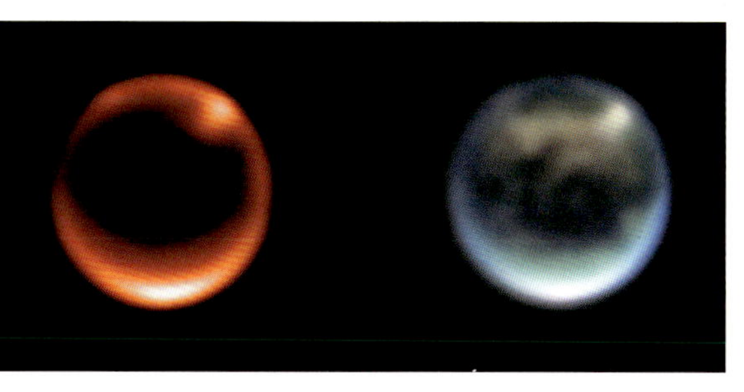

上图 土卫六的 2 张照片（由近红外相机拍摄），其中的高亮部分是围绕土卫六的大气和云层。

2022 年，韦布望远镜拍摄的首批土卫六照片使我和我的同事激动并忙碌起来。照片显示土卫六表面有云层移动，而云层的移动验证了此前利用计算机模型对这颗卫星气候和行为的模拟。利用韦布望远镜的红外设备，研究人员可以透过环绕土卫六的高层大气，探究其低层大气的成分，以了解其内部的运作机制。通过这些研究，科学家希望回答土卫六是否一直有大气以及未来其大气可能会发生什么变化等问题。

天王星

到太阳的平均距离：约 28.71 亿千米

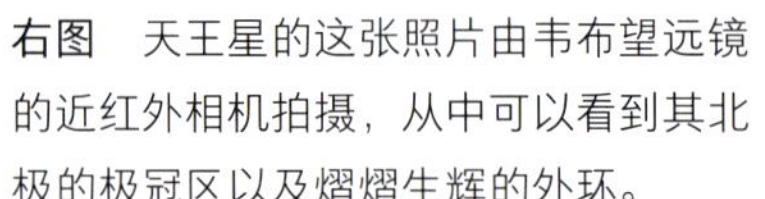

右图 天王星的这张照片由韦布望远镜的近红外相机拍摄，从中可以看到其北极的极冠区以及熠熠生辉的外环。

天王星是一颗质量很大的冰质巨行星，也是第一颗通过望远镜发现的行星。1781 年，英国天文学家威廉·赫歇尔（William Herschel）用自制的望远镜发现了它，起初他误以为那是一颗彗星或恒星。

天王星的英文名 Uranus 来自古希腊的天空之神，它绕太阳公转 1 周所需的时间很长，需要 84 年！这意味着它从被发现以来，才公转了不到 3 周。它的轨道特征与太阳系内的其他行星迥然不同：天王星像是在躺着旋转，看起来就像是一个绕着太阳打滚的球，与之对比，其他行星则像陀螺一样绕着太阳公转。实际上，这意味着天王星的南极和北极都可以连续 42 年沐浴在阳光之下，随后则会迎来持续 42 年的漫长黑夜。在第 70—71 页令人惊叹的图像中，可以看到天王星的北极。位于图中行星靠右位置的巨大白色圆圈是它的极冠，在阳光的照射下璀璨夺目。

天王星和海王星都拥有不寻常且形状不规则的磁场。地球以及大多数其他行星的磁轴（即磁场南北极的连线），通常比较靠近其自转轴，但天王星奇特的自转方式意味着它的磁场也是倾斜的，其磁轴与自转轴之间的夹角接近 60°，并且偏离行星中心的距离达到了行星半径的三分之一。我们观测到了天王星大气中的极光，但这些极光并非出现在两极，而是出现在奇怪的角度上，这为我们了解外行星（轨道在地球轨道以外的行星）如何产生磁场提供了线索。

下图 天王星看起来像是躺着绕太阳公转一样，它的赤道面几乎与轨道面垂直，倾斜角度达到了惊人的 97°。

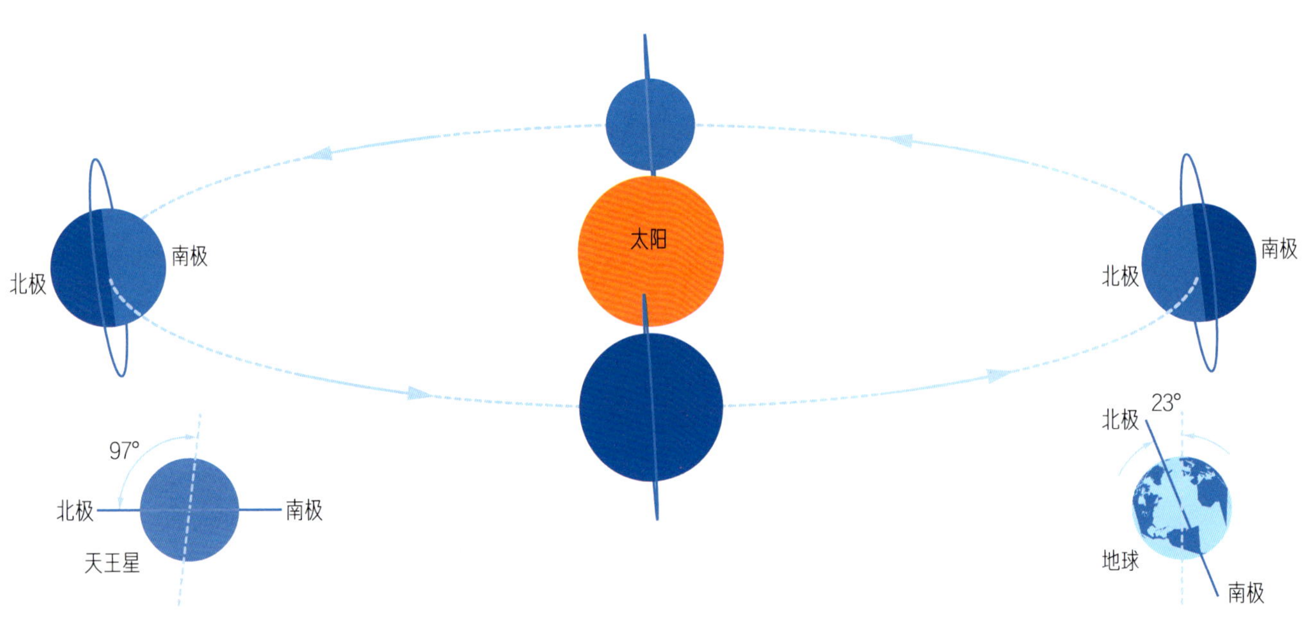

右图　哈勃望远镜拍摄的天王星照片。

寒冰行星

天王星看起来像一个坚实的雪球，但它的幔层主要由含水、氨和甲烷的流体组成。天王星在可见光波段呈现的蓝绿色是其大气中甲烷造成的视觉效果。当阳光穿过天王星大气并被顶部的云层反射回来时，甲烷吸收了阳光中的红色部分，从而使其呈现出蓝绿色。这颗行星拥有我们在太阳系行星上观测到的最低温度纪录——-224 摄氏度。

在韦布望远镜拍摄的天王星照片中，最引人注目的部分要数明亮的天王星环。天王星的大部分环都非常窄，这也是通常很难看到它们的原因之一。韦布望远镜拍到了天王星 13 个环中的 11 个，这是我们有史以来看得最清晰的一次。

科学家还用韦布望远镜的近红外相机拍摄了一张大视场照片，成功捕获了天王星的 6 颗通常难以观测到的卫星，一些星系出现在了黑暗的太空背景中。

下图　韦布望远镜成功捕捉到了一些难以发现的天王星卫星，图中圈出的蓝点从左下方开始按顺时针方向依次是：天卫三、天卫二、天卫一、天卫五、天卫四和天卫六。

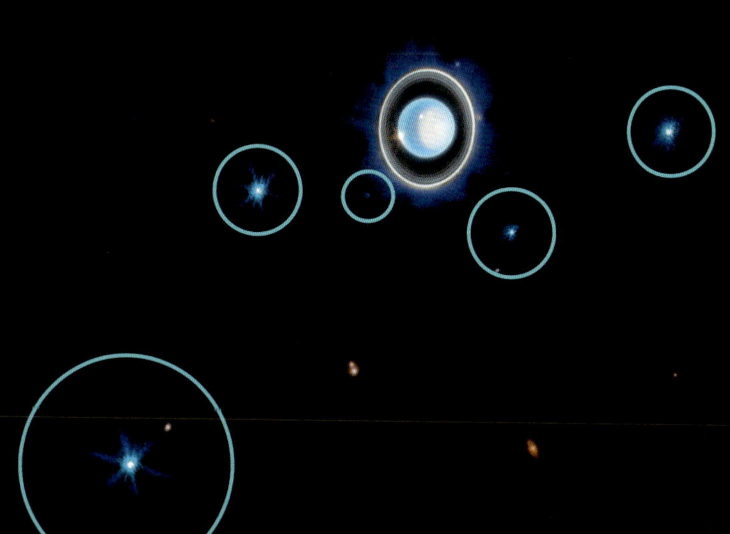

海王星

到太阳的平均距离：约 45.04 亿千米

右图 这是使用韦布望远镜的近红外相机拍摄的海王星照片。海王星左上方闪耀着放射状八角星芒（韦布望远镜独有的观测特征）的天体是海王星的卫星海卫一。

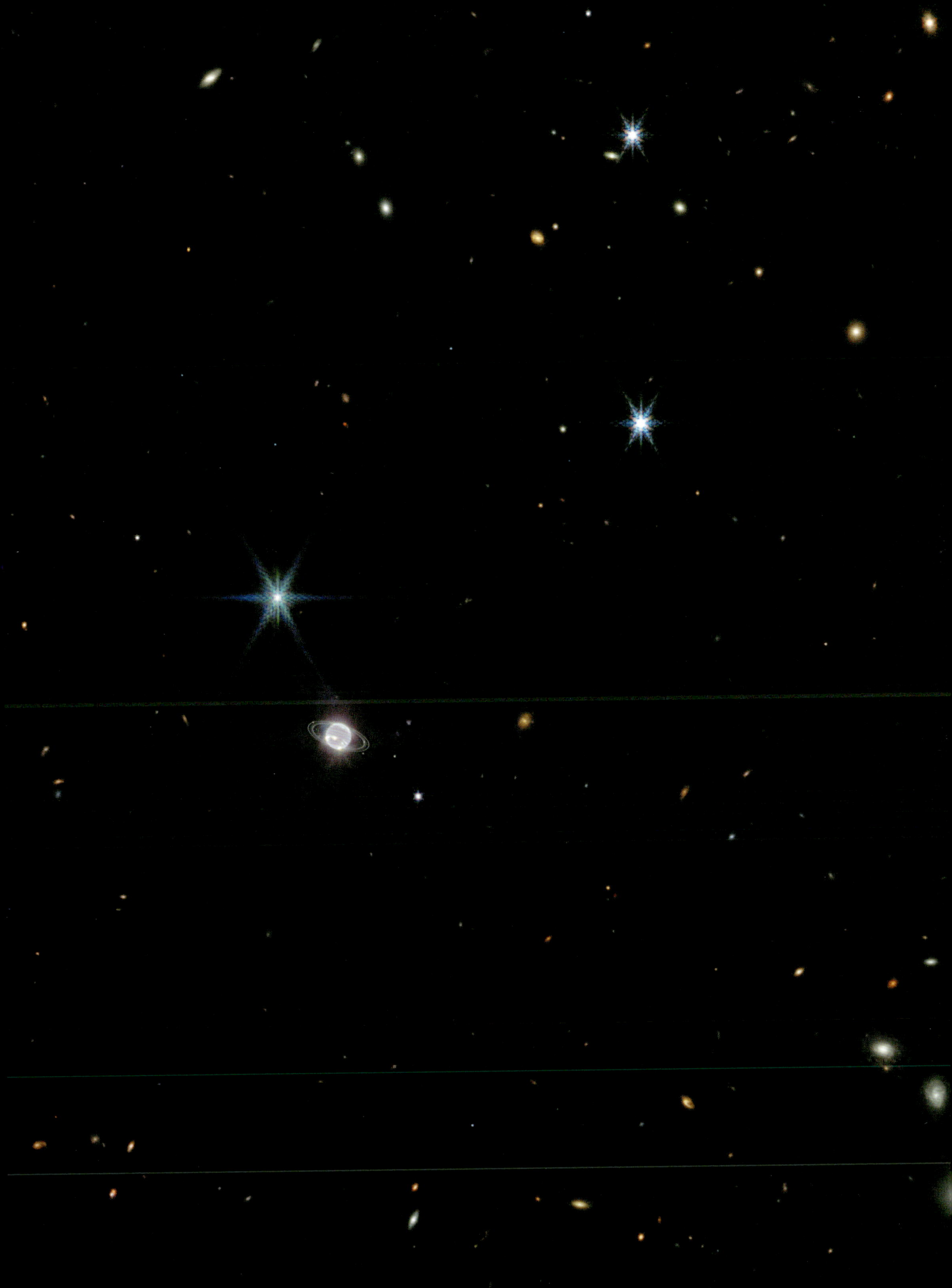

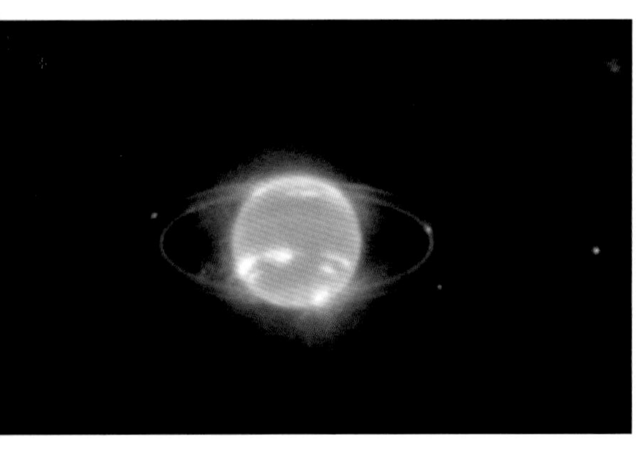

上图 拥有发光云层和精美光环的海王星。

在距离地球数十亿千米的地方，狂风在海王星的表面肆虐着。海王星是太阳系中风力最强的行星，风速可达 2 100 千米每小时。相比之下，迄今为止地球上的最高风速纪录仅为 408 千米每小时（关于这一纪录也有一些其他说法），是在 1996 年 4 月 10 日热带气旋奥利维亚（Olivia）经过澳大利亚巴罗岛时观测到的。

海王星也是一颗冰质巨行星，内部主要由冰和岩石组成。它有季节性气候，其大气主要由氢和氦组成，还含有大量冰冷的挥发物，如氨和甲烷。自从冥王星被降级为矮行星之后，海王星成为我们太阳系最外侧的行星。从地球上无法用肉眼看到它。

海王星是太阳系中唯一一颗通过数学预测的方式发现的行星。在 19 世纪，天文学家注意到天王星的轨道有点奇怪，似乎偏离预期。当时法国天文学家乌尔班·勒维耶（Urbain Le Verrier）和英国天文学家约翰·库奇·亚当斯（John Couch Adams）据此推测，有一颗未知行星对天王星施加了引力影响，这颗大得出乎意料的行星最终在 1846 年被观测到。它的质量约为地球的 17 倍，绕太阳运行的周期约为 165 年。

海神之星

由于通过光学望远镜观察时呈现明显的蓝色，所以海王星以古罗马神话中海神尼普顿（Neptune）的名字命名。在大多数语言中，这颗冰质巨行星的名字都会包含某种形式的“海神”之意。例如，在毛利语中，它被称为 Tangaroa，这正是毛利文化中海神的名字。

由于近红外相机能够观测 0.6—5 微米波段的近红外辐射，因此韦布望远镜看到的天王星不呈现蓝色。实际上，由于气态甲烷会吸收大量的红外辐射和红光，所以海王星在近红外波段看起来是非常暗弱的，除非是在那些存在高空云层的地方。高层的甲烷冰云呈现为耀眼的条纹和斑块，它们会在气态甲烷吸收太阳光谱中的红外辐射之前将其反射出来。

我们还可以看到这些云聚集在极区的形态。科学家发现，海王星的南极区域受到高空云层遮挡，这些云在照片里看起来像是一个耀眼的白色亮点。而北极区域虽然背对着韦布望远镜，但也呈现出一片光晕，这让天体物理学家感到好奇，因为他们并不知道这片光晕是如何形成的。

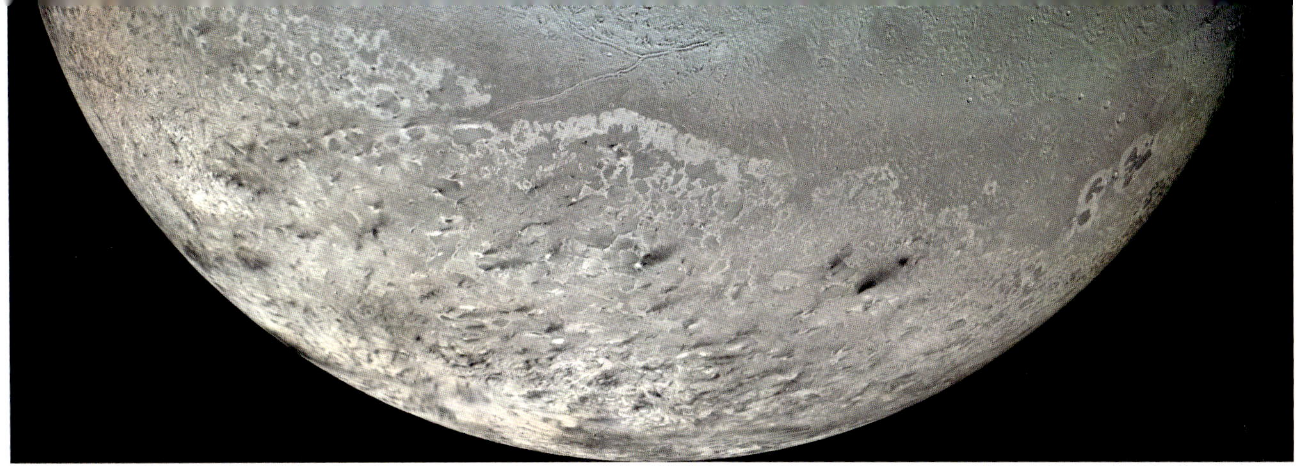

上图　旅行者 2 号拍摄的海卫一照片，其地貌是由冰质熔岩流侵蚀所形成的。

被俘获的卫星

海王星有 14 颗卫星，其中海卫一是最大的一颗，其直径约为 2 700 千米，质量占所有海王星卫星总质量的 99.5% 以上。它还异常寒冷，温度可低至 −235 摄氏度。

海卫一沿着轨道“逆行”，也就是说它绕海王星公转的方向与海王星自转的方向相反。天文学家由此推测，它可能原本是柯伊伯带中的矮行星，后来被海王星的引力“俘获”。

在第 74—75 页的照片中，海卫一在海王星的左上方发出耀眼的光芒。它非常明亮，呈现出放射状的八角星芒。在这张照片中，海卫一甚至比海王星本身更亮，因为它反射了更多的阳光，而且它没有像海王星那样富含甲烷、可以吸收大量红外辐射的大气。

海王星环

下图　旅行者 2 号拍摄的海王星图像。

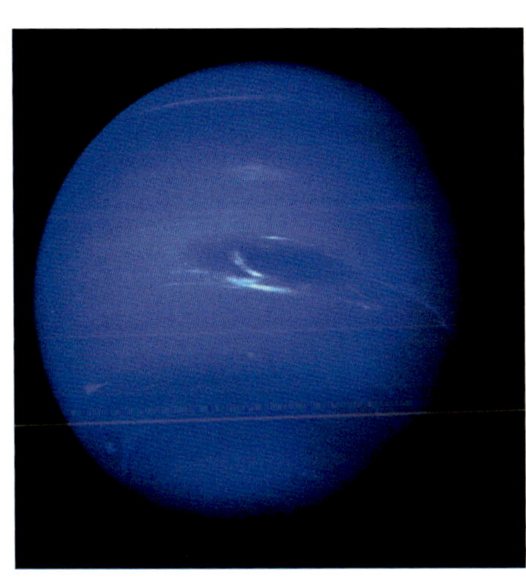

我们对海王星的许多了解要归功于美国国家航空航天局的旅行者 2 号探测器，该探测器于 1977 年发射，旨在研究我们太阳系中的外行星。它是唯一一艘近距离造访过海王星的探测器。旅行者 2 号探测器于 1989 年抵达海王星附近，发现了这颗行星的环系，此时距离它从地球启程已经过了 12 年。又过了 30 多年，韦布望远镜才以全新的视角观察了这些薄薄的环。

海王星有 5 个主环，这些环大部分是由尘埃组成的，非常不稳定。这颗行星的一些卫星的轨道在环系内部，可以在韦布望远镜拍摄的照片中看到它们。科学家怀疑这些环都相当年轻，很可能是与一颗卫星碰撞后形成的。韦布望远镜还将海王星难以观测的内环以前所未有的清晰度呈现在我们面前。

系外行星

系外行星的确切定义仍存在争议，但我们一般认为，系外行星是位于太阳系之外的类行星天体。它们可以像太阳系中的行星一样绕某颗恒星运行，也可以是不受母恒星引力束缚的流浪行星。与太阳系中的行星一样，它们必须足够大，才能拥有接近圆球的形状，并且可以“清理”自身轨道附近的残余物或其他小天体。

就像我们太阳系中的行星一样，系外行星不会像恒星那样产生大量电磁辐射，因此很难被探测到。我们能看到太阳系中的行星是因为它们反射了太阳的光，然而，系外行星绕着距离我们非常遥远的恒星运转，它们反射的恒星光线对我们来说太微弱了，所以无法在地球上探测到。此外，由于大多数系外行星都位于明亮的恒星附近，它们反射的微弱光线会被恒星相对强烈的光线淹没，因此我们主要采用凌星法来探测系外行星（详见第 20 页介绍）。

直到现在，我们对系外行星的许多理解都归功于已经退役的开普勒望远镜。截至 2023 年底，已经确认的系外行星总数超过 5 500 颗，并且其种类多到令人眼花缭乱。其中有由钻石构成的行星，有巨大的水球，甚至有些行星（如 KELT-9 b）的温度比某些恒星还高。更令人振奋的是，有些系外行星与地球相似，它们是岩质行星，并且可能具备维持生命活动的必要条件。

韦布望远镜能够提供超乎我们想象的关于系外行星的翔实数据。它搭载的设备不仅将帮助我们发现更多系外行星，而且还能帮助科学家分析它们的大气，并进一步寻找其中是否含有标志着生命活动的分子。

左图 图中显示的是位于英仙座的恒星形成区 IC 348（一个疏散星团）。

LHS 475 b

母恒星：LHS 475

所在星座：南极座

到地球的距离：约 40.7 光年

右图 LHS 475 b 及其母恒星的艺术假想图。

LHS 475 b 是韦布望远镜确认的第一颗系外行星，科学家利用韦布望远镜的近红外光谱仪并借助凌星法发现了它。韦布望远镜还观测了恒星光线穿过该行星时发生的情况——如果行星存在大气，那么恒星的透射光谱就会发生一些特殊的变化。在对 LHS 475 b 的光谱学观测中，天文学家没有检测到任何元素或分子（如氢或者甲烷等）的吸收线，他们据此推断这颗岩质行星没有大气。

在下图中，平直的黄线代表行星没有大气时的透射光谱，绿色曲线表示行星大气富含甲烷时的透射光谱，而紫色曲线则展示了富碳大气的透射光谱。观测 LHS 475 b 得到的灰色数据点显示，它的情况最接近无大气模型。

下图 对 LHS 475 b 的观测数据显示，该行星没有大气。

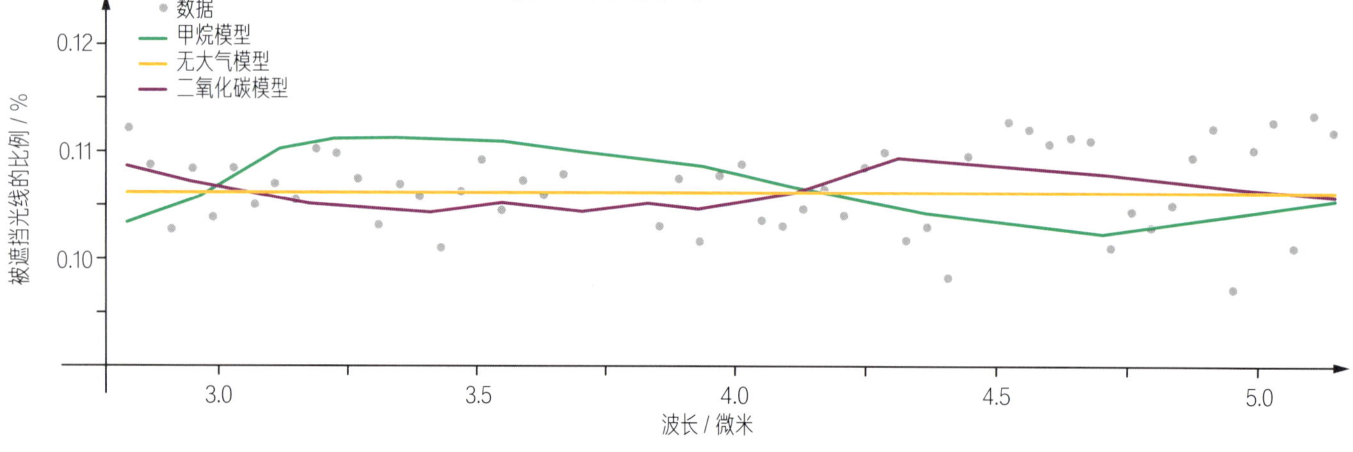

WASP-80 b

又名瓦迪拉姆（Wadirum）

母恒星：WASP-80

所在星座：天鹰座

到地球的距离：约 162 光年

上图 艺术家笔下的系外行星 WASP-80 b。

早在 2013 年，我们就知道了 WASP-80 b 的存在。2019 年，为了庆祝国际天文学联合会成立 100 周年，科学家发起了一个名为 IAU100 太阳系外行星世界命名活动（IAU100 NameExoWorlds）的项目。在该项目中，WASP-80 b 的母恒星 WASP-80 被命名为佩特拉（Petra），以纪念约旦的世界文化遗产佩特拉古城，而 WASP-80 b 则被命名为瓦迪拉姆，以纪念约旦著名的瓦迪拉姆保护区。该保护区内数以千计的岩画和碑铭可以追溯到 12 000 多年前，一些游牧的贝都因人至今仍聚居在这里。这个地区位于人类祖先走出非洲时的迁徙路线上，现在也被称作月亮谷，它为人类早期历史描绘出一幅鲜活的画卷。

WASP-80 b 与其母恒星的距离非常近，这意味着直接对它成像非常困难，但借助韦布望远镜高灵敏度的光谱仪和凌星法这种分析方法，我们对这颗巨型系外行星有了全新的认识。我们现在知道它的大气中含有水蒸气和甲烷。

天文学家特别关注水蒸气和甲烷，因为这 2 种物质都与碳基生命息息相关。未来科学家将利用中红外仪器在不同波段对该行星进行观测，进一步研究其大气成分，并对其他碳基分子进行检测。一颗行星表面存在水以及其大气中存在甲烷，代表那里可能存在生命，但这些分子也可能来源于非生物活动，因此它们的存在并不能对“一颗行星上是否存在生命”这个问题给出肯定的答案。

在 WASP-80 b 的大气中发现甲烷和水蒸气，使我们能够将系外行星与太阳系内的行星进行比较，从而更好地理解我们周围的行星是如何演化的。

HIP 65426 b

又名“地球母亲”（Najsakopajk）

母恒星：HIP 65426

所在星座：半人马座

到地球的距离：约 385 光年

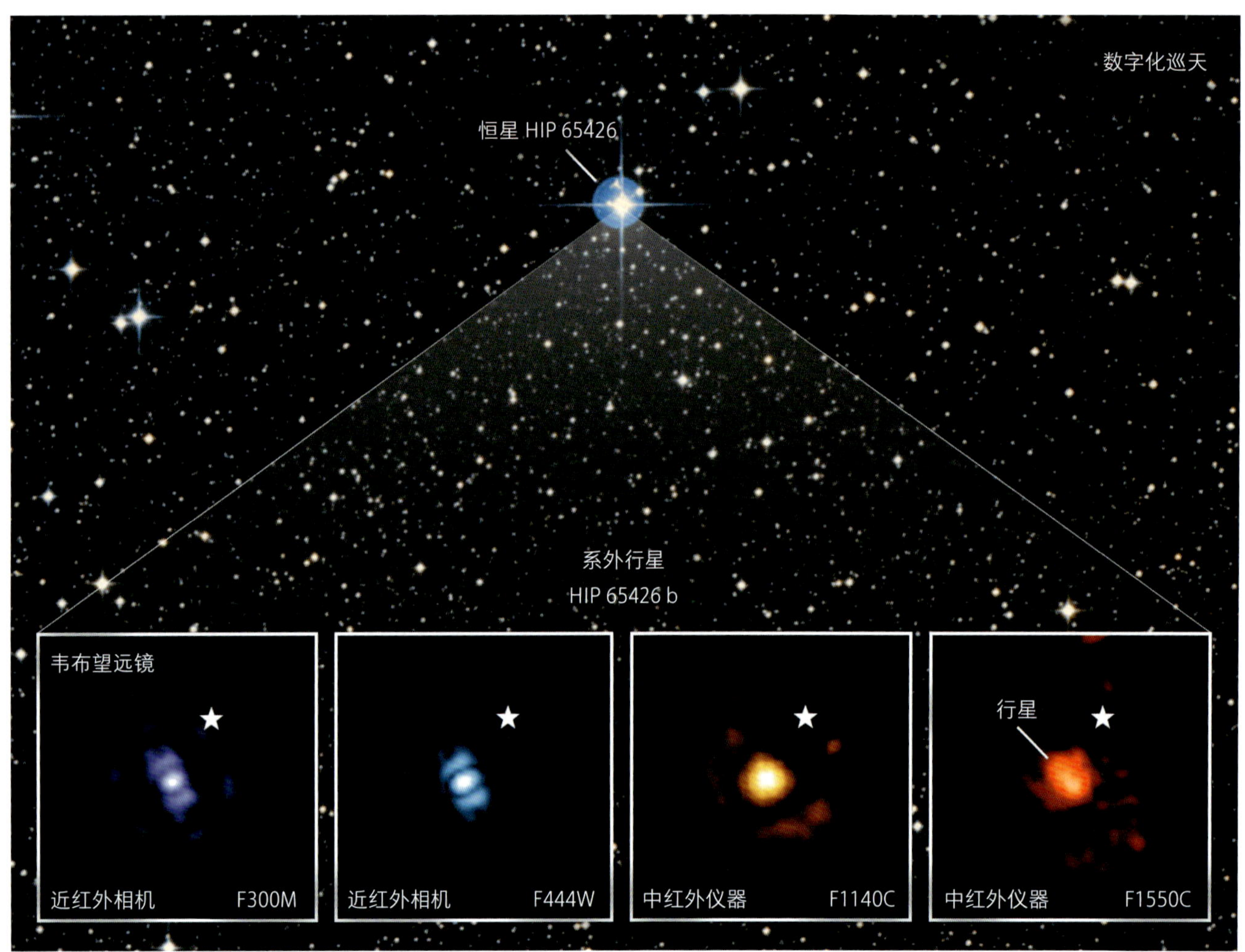

上图 图中下方的 4 幅子图是韦布望远镜拍摄的系外行星 HIP 65426 b 在不同红外波段下的图像，数据来自近红外相机和中红外仪器（背景图像数据来自数字化巡天）。

作为一颗行星，HIP 65426 b 的体积大得有些离谱。它属于系外行星中的“超级木星”一类，它的质量为木星的 6—12 倍，是韦布望远镜直接观测到的第一颗系外行星，它很可能是因为体积大所以才容易被观测到。在 2022 年的一项命名活动中，官方以墨西哥的一种土著语言索克语为其命名，称其为 Najsakopajk（意为“地球母亲”），而它的母恒星则被命名为 Matza（意为“星星”）。

HIP 65426 b 引起了行星科学家极大的兴趣，因为它不符合我们当前对行星形成的理解。它到母恒星的距离非常遥远，接近 100 个天文单位（AU）。天文单位被定义为地球与太阳之间的平均距离，大约为 1.5 亿千米。在我们的太阳系中，最遥远的行星海王星距离太阳也只有大约 30 个天文单位。

HIP 65426 b 与其母恒星之间异乎寻常的超远轨道距离引发了一系列问题。它是在目前的轨道上形成的吗？如果是，那么原本围绕其母恒星的吸积盘有多大？如果它不是在当前的轨道上形成的，而是从距离母恒星更近的轨道上被抛射出来的，那么轨道迁移的机制又是什么？除此之外，还有另一种可能性，那就是它原本是一颗流浪行星，在星际空间中游荡，后来被其母恒星的引力捕获。

当然，行星距离其母恒星很遥远这一点，对成像观测是有利的。这意味着韦布望远镜在捕捉这颗系外行星的微弱光线时，不用担心这些微弱的光线被其母恒星的强烈辐射所淹没。HIP 65426 b 在近红外波段的辐射强度连其母恒星的万分之一都不到，而在中红外波段的辐射强度也只有其母恒星的几千分之一。

为了对这颗行星进行成像，近红外相机和中红外仪器都使用了星冕仪。星冕仪可以有效地阻挡恒星光线，从而使探测器能够顺利拍摄到系外行星的照片。通过使用近红外相机和中红外仪器这 2 种设备，韦布望远镜揭示了 HIP 65426 b 在多个波段下的不同特征。科学家在拍摄左页的照片时用到了韦布望远镜的开创性技术，毫无疑问，这些技术将在未来用于对其他系外行星的直接成像观测。

IC 348

所在星座：英仙座

到地球的距离：约 1 000 光年

上图 利用韦布望远镜的数据，科学家在恒星形成区 IC 348 中发现了至少 3 颗暗淡的褐矮星，它们所在的位置被圈了起来。

质量最大的行星和质量最小的恒星之间依然存在巨大的差异，介于两者之间的是被称为褐矮星的天体。褐矮星的存在早在20世纪60年代就已经被预言了，但直到大约30年后，人们才第一次实际观测到这种天体。褐矮星没有足够的质量在其核心将氢聚变为氦。之所以被称为褐矮星，是因为它们处于明亮白矮星和不发光行星之间的模糊地带。白矮星是像太阳这样的恒星在耗尽所有燃料后形成的，它们最初被命名为黑矮星，但这个名字现在已经被用来指代白矮星的最终演化产物——经过长期冷却后不能再发出辐射的天体了。

下图 利用钱德拉望远镜的数据，科学家推测，在星系 NGC 6388 内有一颗白矮星将一颗离它很近的行星撕裂了。

上图 褐矮星填补了小质量恒星和大质量行星之间的巨大空白。

褐矮星是一种不折不扣的“中间派”天体。它们的质量通常为木星的 15—80 倍，比普通行星大得多但又比普通恒星小。它们的质量不足以在其核心触发氢聚变，但能够使其产生少量辐射。实际上，褐矮星这个名字与它们的颜色无关，它们的颜色取决于其表面温度。例如，温度较高的褐矮星可以呈现出红色或橙色。

螺旋恒星育婴室

为了寻找褐矮星，一个天文学研究小组观察了 IC 348 的中心区域，IC 348 是一个年轻的恒星形成区，年龄只有大约 500 万年。500 万年前，人类和猿类正处于从共同祖先向不同方向分化的过程中。虽然 500 万年对人类来说很长，但在宇宙的时间尺度上只是一瞬间。这个区域相对年轻，这意味着在该区域找到的褐矮星很可能仍在发出辐射，因此韦布望远镜可能能够探测到它们。

在第 84 页的图像中，可以看到星云中的红色絮状结构，以及异常明亮的恒星在韦布望远镜的视野中所呈现的特有的八角星芒图案。图中这类交织在一起的物质团块称为反射星云，顾名思义，它的辐射来自对星云内部恒星辐射的反射。太阳可以产生带电粒子流（太阳风），它们可以向外延伸到太阳系的外围。同样，这个星云中恒星产生的带电粒子流（星风）的冲击可能是星云中絮状结构的成因。

一群褐矮星

在第 84 页的图像中，让“褐矮星猎人”感兴趣的是背景中的暗弱光点。天文学家用近红外相机对 IC 348 进行观测以识别褐矮星候选体，其中真正的难点在于，很难分辨红色的小亮点中哪些是褐矮星，哪些是遥远的背景星系。因此，天文学家还需要使用近红外光谱仪的微快门阵列（可以屏蔽附近恒星的强光）来进一步缩小候选体的范围。

他们发现了 3 个潜在的候选体，但令人惊讶的是，这些候选体的质量比我们预期的要小——它们的质量仅为木星质量的 3—8 倍。如果得到证实，其中质量最小的那颗褐矮星将是迄今为止发现的质量最小的褐矮星。接下来的挑战是，如何从理论上解释极小质量褐矮星的形成机理。

有人猜测，它们根本不是褐矮星，而是游荡在星际空间中的巨大的流浪行星，没有受到母恒星的引力束缚。然而，这种说法已经被否定了，因为 IC 348 中的恒星往往质量很小，这类小质量恒星周围不太可能形成如此巨大的行星。

更令人费解的是，在发现的 2 颗褐矮星上还检测到了碳氢化合物。同样的红外特征已经在土星、土卫六以及恒星间的气体中被观测到，而这是首次在太阳系外的天体上检测到上述物质。这些分子之所以引起天文学家的关注，是因为它们可能对于生命的孕育非常重要。

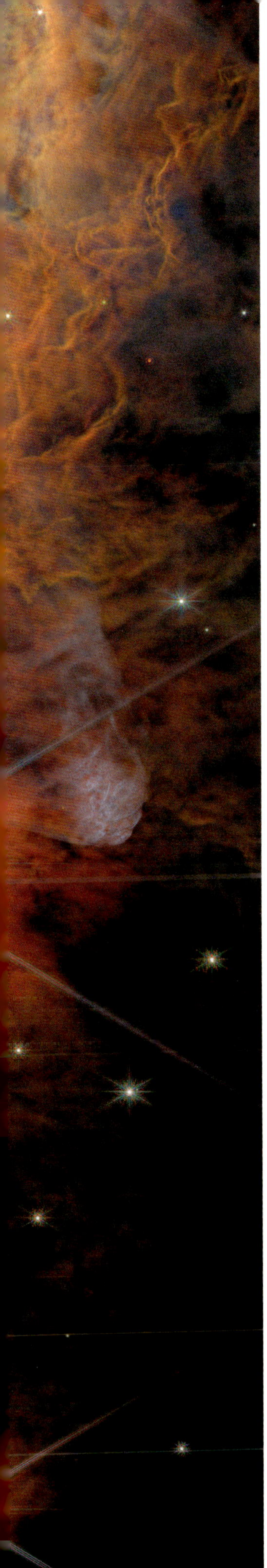

星云

星云是由星际气体和尘埃组成的巨大聚集体。有些星云是超新星爆发后的残余物形成的，超新星爆发是巨大的恒星在生命终点因耗尽核燃料而发生的爆炸。通常情况下，星云大到难以想象，即使是光，从一些大型星云的一端传播到另一端也需要成千上万年的时间。星云主要由最简单的 2 种原子——氢和氦组成。

如果将星云比作宇宙汤，那么在这碗宇宙汤中，可以发生神奇的事件——比如新恒星的诞生。有些类型的星云被称为“恒星摇篮”，其中由气体和尘埃构成的旋涡状团块会发生合并，并通过引力作用吸积周围更多的物质。最终，这些团块会向内坍缩，恒星就此诞生。

星云有多种类型，包括电离氢区（由电离氢组成的大型弥漫星云）、行星状星云（围绕濒死恒星的气体壳层，我们的太阳也会在几十亿年后因耗尽燃料而形成行星状星云）、超新星遗迹（大质量恒星爆炸后的残余物）和暗星云（密度非常大以至于可见光无法穿透的星际云团）等。

某些星云的研究难点在于，很难弄清楚它们内部发生的过程。因为这些星云内部粒子分布密集，可见光在其中被阻挡，无法从旋转的气体和尘埃中透射出来，所以我们无法看到其内部情况。这正是韦布望远镜的红外观测能力真正发挥作用的地方，因为红外辐射可以更容易地从这些星云中透射出来，由此可以揭示这些星云内部的情况。

左图 这是一张猎户星云的局部照片，由近红外相机拍摄，图中所示部分被称作猎户座棒（Orion Bar）。

船底星云

位置：银河系的人马 - 船底臂

所在星座：船底座

到地球的距离：7 500—8 500 光年

下图 船底星云中的恒星形成区 NGC 3324 的边缘，这个区域被称为“宇宙悬崖”，这张照片由近红外相机的数据生成。

船底星云是我们可以从地球上看到的最大的弥漫星云之一。它和猎户星云一样明亮，但大小足足是其 4 倍。1752 年，这个星云由法国天文学家尼古拉斯－路易斯·德·拉卡耶（Nicolas-Louis de Lacaille）在好望角观测时发现。“船底”是指“龙骨”或船的底部。许多古代文明将船底座视为一个更大的星座——天舟座（也称南船座）的一部分，该星座形似一艘帆船。后来天文学家认为这个星座太大了，因此将其拆分为 4 个小星座。

“宇宙悬崖”

下图 “宇宙悬崖”，此图由近红外相机和中红外仪器的观测数据生成。

在第 90—91 页的图像中，韦布望远镜拍摄了一张 NGC 3324 中年轻恒星形成区的照片，即所谓的“宇宙悬崖”，它在太空背景中格外

引人注目。“宇宙悬崖”位于船底星云的西北角。图中红色、棕色和黄色的部分像山脉一样，它们实际上是 NGC 3324 内一个气态空腔的边缘。气态空腔中有很多质量非常大的高温恒星，这些恒星的辐射正在慢慢雕琢“宇宙悬崖”的崖壁。

韦布望远镜的高分辨率图像使我们发现了从前隐藏在这一区域中的数百颗恒星。尽管哈勃望远镜之前观测过这片区域，但因为分辨率不足，没能看到这些恒星。大的恒星看起来比小而暗淡的恒星离我们更近。在第 90—91 页图像的右上方，你可以发现有几束长长的星芒伸了进来，那是位于视野之外的一颗非常大且明亮的恒星的星芒。

恒星的强烈辐射使气体和尘埃从“宇宙悬崖”中流失，因此这个区域看起来像在冒烟一般，呈现出“星照崖壁云霞生”的唯美景象。被尘埃包裹的很多年轻恒星泛出金色的光芒。

蜘蛛星云

又名剑鱼座 30

位置：大麦哲伦云（银河系的一个卫星星系）

所在星座：横跨山案座和剑鱼座

到地球的距离：约 159 800 光年

下图 近红外相机拍摄的一个位于蜘蛛星云的恒星形成区，其跨度约为 340 光年。

如果用肉眼直接观察蜘蛛星云，它看起来就像一大片乳白色的斑块。蜘蛛星云非常大，跨度超过 1 000 光年。起初它被称为剑鱼座 30，但由于其内部复杂的结构和纵横交错的丝状尘埃，后改称其为蜘蛛星云。

蜘蛛星云是一个电离氢区，这意味着其中的氢不是中性状态，而是电离（带正电荷）状态。蜘蛛星云中有一些极大、极热的恒星。通过韦布望远镜对蜘蛛星云的观测，我们可以看到望远镜上四大科学仪器的超高灵敏度和强大观测能力。

恒星的秘密生活

当我们把韦布望远镜壮观的红外图像与钱德拉望远镜的 X 射线数据叠加在一起后，我们看到了一个之前无法想象的全新宇宙。在右下方的这幅图像中，红外信号呈现为红色、橙色和浅蓝色，其中加入了 X 射线数据（以深蓝色和紫色表示）。可以清晰地看到，在星云的空腔中，一群活跃的恒星聚集在一起。

图中的皇家蓝（Royal Blue）和紫色部分展示了被激波（也称冲击波）加热的高温气体，其温度高到难以想象。红外观测数据突显了星云中被包裹的原恒星以及它们周围较冷的气体云，这些气体云将在

下图·左　在中红外仪器拍摄的图像中，碳氢化合物迷幻的色彩给蜘蛛星云增添了一种鬼魅般的氛围。

下图·右　使用钱德拉望远镜和韦布望远镜的数据合成的蜘蛛星云图像。

原恒星的演化过程中逐渐被消耗。

科学家发现，蜘蛛星云的化学组成与我们银河系中的大多数星云都不一样，该星云的内部环境可能类似于银河系早期的情况。从研究视角来看，这意味着蜘蛛星云为我们提供了了解银河系极早期恒星形成的机会，这也是这片区域如此吸引科学家的原因。

充满活力的年轻恒星聚集区

近红外相机能够探测到穿透尘埃云的红外辐射，得益于此，在第94—95页的图中，我们看到了数以万计的此前未被观测到的恒星。图中的主体是一个空腔，里面有一群亮蓝色的、年轻的、活跃的大质量恒星。其中还零星散布着一些红色的点，这些是仍然被尘埃云包围着的恒星。

图中有一颗非常明亮的老年恒星闪耀着金光，格外引人注目。在这颗恒星正上方的尘埃云中，可以看到一个近乎圆形的气泡，其边缘有一圈金晕。这是一个新诞生的空腔，是其中的年轻恒星以星风为锥从尘埃云中开凿出来的。在远离主体空腔的位置，还飘浮着一些红色的云朵状结构。这些结构由较冷的气体组成，其中充满了复杂的碳氢化合物，这些物质最终将成为新恒星的核。

碳氢化合物的迷幻色彩

在左页左下角的图像中，中红外仪器向我们展现了蜘蛛星云与众不同、颇具迷幻色彩的一面。科学家通过波长更长的中红外波段对它进行探测，将炽热的明亮恒星弱化，从而使星云中富集的低温碳氢化合物更加突出，以醒目的青色和紫色将这些物质渲染出来。

波长较长的辐射可以从星云内部更深的位置逃逸出来，揭示出星云深处发生的过程。因此，在这张中红外仪器拍摄的图像中，我们可以看到新的原恒星正在星云内部诞生。但也有些地方是连韦布望远镜都无法看到的，比如有些黑暗的尘埃区域，连红外辐射也无法从中逃脱。

蟹状星云

又名 NGC 1952、金牛座 A

位置：银河系的英仙臂

所在星座：金牛座

到地球的距离：约 6 500 光年

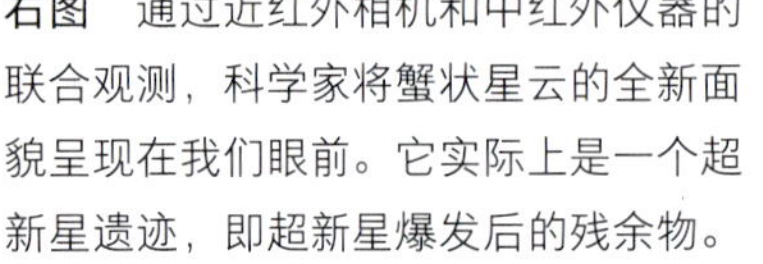

右图 通过近红外相机和中红外仪器的联合观测，科学家将蟹状星云的全新面貌呈现在我们眼前。它实际上是一个超新星遗迹，即超新星爆发后的残余物。

1054 年，中国天文学家观测到天空中出现了一颗“客星”。它非常明亮，以至于在将近 1 个月的时间里都可以在白天直接用肉眼看到它。这实际上是数千光年外发生的一次超新星爆发。600 多年后，英国天文学家约翰・贝维斯（John Bevis）才将其证认为蟹状星云，这是第一个与历史上观测到的超新星爆发相对应的天体。时至今日，用肉眼已经无法看到蟹状星云了，但观测条件良好时，可以通过性能较好的双筒望远镜看到它。

英国天文学家威廉・帕森斯（William Parsons）在 19 世纪对其进行观测时，画出了形似蟹钳的臂状结构。虽然科学家在后来的观测中未能发现这个臂状结构，而且蟹状星云实际上看起来也并不像螃蟹，但这个名字依然保留了下来。

上图　英国天文学家帕森斯绘制的蟹状星云。

蟹状星云的核心是一颗脉冲星，脉冲星是一种特殊的、快速旋转的中子星，具有极强的磁场。粒子在中子星磁极附近加速后产生辐射，导致磁极位置产生方向相反的 2 个辐射束，辐射束即便在传播了极远的距离后，依然可以被探测到。当辐射束扫过地球时，我们就能探测到脉冲信号，因此这些中子星被命名为脉冲星。恒星在生命末期会因为引力坍缩而触发超新星爆发，中子星就是在超新星爆发过程中诞生的。中子星的直径只有大约 30 千米，但它非常致密，在宇宙中的密度仅次于黑洞。

脉冲星的信号为我们研究神奇的中子星提供了难得的信息。这些脉冲星旋转的稳定性让人难以置信，因此我们可以把它们的脉冲作为非常精确的自然时钟。如果它们的脉冲频率发生偏差，那么就可能是其内部的某些物理过程导致的，或者是辐射束在空间传播过程中与其他物质发生了相互作用。也就是说，脉冲频率的变化可以帮助我们研究脉冲星内部的物理过程以及位于脉冲星和我们之间的物质。例如，射电天文学家利用蟹状星云内部脉冲星发出的射电脉冲信号，绘制了太阳日冕位形图。当辐射束穿过太阳的外层大气时，大气中的湍流会扰乱脉冲频率。

蟹状星云是一个“实心超新星遗迹”（plerion，以蟹状星云为典型的、含有脉冲星的超新星遗迹），这是一个用来描述脉冲星风星云（pulsar wind nebula）的术语。这种特殊类型的星云是由其内部的中子星产生的星风驱动的。中子星拥有强大的磁场，随着中子星的自转，磁场也会飞快地旋转。旋转的磁场会使其中的带电粒子加速，产生星风。当星风与周围介质相互作用时，就产生了辐射。

红外波段下的蟹状星云

通过结合近红外相机和中红外仪器的数据，韦布望远镜为我们展现了前所未见的红外视角下的蟹状星云（第 98—99 页图）。虽然它的总体形状与我们用哈勃望远镜看到的（如下图所示）大体一致，但韦布望远镜拍摄的图像为我们提供了更多关于其内部运作机制以及这个宏伟的标志性结构所包含的元素和分子的信息。

脉冲星会扭曲周围的空间和物质，其极强的磁场会发出非常强的同步辐射——带电粒子在磁场中高速运动时产生的辐射。在韦布望远镜拍摄的蟹状星云图像中，同步辐射呈白色，看起来像是从星云中冒出的缕缕白烟。追溯白烟的源头，你会发现它们来自星云中心的白色脉冲星。白烟沿着脉冲星的磁场方向弯曲，可以说，这个星云的结构是由磁场影响并塑造出来的。

第 98—99 页图中的橙红色代表的是电离态的硫，它们就像沿着建筑物生长的藤蔓一样，将整个星云结构包裹起来。图中的蓝点代表铁元素，零星地点缀在图像中。比哈勃望远镜更进一步的是，韦布望远镜发现了在蟹状星云笼状结构内翻腾着的尘埃颗粒。这些新发现将帮助我们更好地了解蟹状星云中脉冲星的过去，以及脉冲星周围的超新星爆发的残余物未来会怎样演化。

右图 哈勃望远镜拍摄的蟹状星云照片。

创生之柱

位置：鹰状星云（又名星之皇后星云）

所在星座：巨蛇座

到地球的距离：6 500—7 000 光年

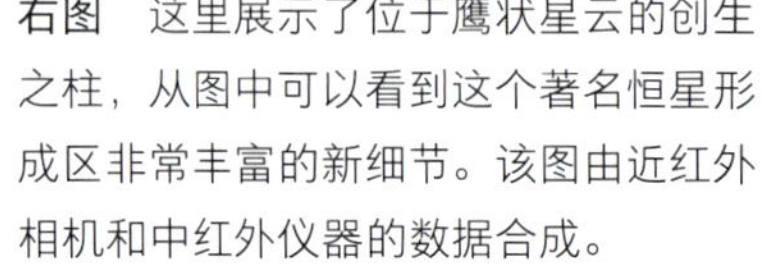

右图 这里展示了位于鹰状星云的创生之柱，从图中可以看到这个著名恒星形成区非常丰富的新细节。该图由近红外相机和中红外仪器的数据合成。

左页图 这张创生之柱的照片于 1995 年 4 月 1 日由哈勃望远镜的宽视场与行星照相机 2（Wide Field and Planetary Camera 2）拍摄。照片右上方的区域为了获得更高的分辨率，牺牲了视场大小，因此当把这个象限[①]的图像与其他象限的图像拼接起来时，必须将其按比例缩小，于是照片的第一象限就出现了楼梯型缺口。

① 如以图像中心为原点建立直角坐标系，并将坐标系四象限的划分应用到图像上，那么有缺失的区域为图像的第一象限。

1995 年，哈勃望远镜发布了它拍摄的创生之柱照片，这是创生之柱首次受到大众的广泛关注。但我们认为，这个区域最早的照片（本页右下方的黑白图像）可以追溯到 1920 年，由美国天文学家约翰·查尔斯·邓肯（John Charles Duncan）使用当时世界上最大的望远镜——威尔逊山天文台的 1.5 米口径反射望远镜拍摄。

为了让大家更直观地理解这个结构的规模，我们来做个对比：左页图中左侧最长的柱状结构向太空延伸了大约 4 光年的距离，而其末端的小突起就相当于我们整个太阳系的大小了。

不同波段下的“恒星摇篮”

创生之柱之所以被如此命名，是因为有诸多恒星正在这片区域形成。韦布望远镜以令人惊叹的清晰度展示了由气体和尘埃组成的 3 个巨大的柱状结构，它们从所在的星云向外延伸。通过利用电磁波谱的不同波段来分析这个区域，我们可以更好地理解“恒星摇篮”是如何孕育新恒星的。

下图及右图 美国天文学家邓肯被认为是第一个用胶片记录到这些柱状奇观的人。他在 1920 年首次访问了位于加利福尼亚州洛杉矶的威尔逊山天文台，当时拍摄了许多星云和星系的照片。

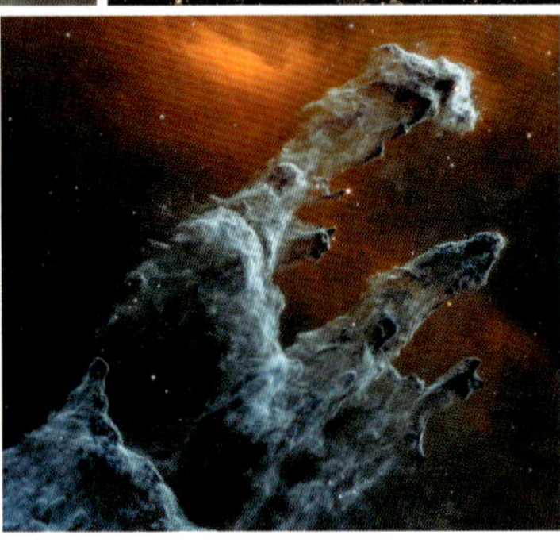

上图 左上图由哈勃望远镜在可见光波段拍摄，右上图也是由哈勃望远镜拍摄的，不过使用的是其近红外探测器。左下图和右下图分别由韦布望远镜的近红外相机和中红外仪器在对应波段下拍摄。

右页图 鹰状星云中著名的“创生之柱”在近红外相机下的样子。

左侧的 4 张照片向我们展示了这些柱状尘埃云在不同波段下的样子，使我们对其内部的运作原理有了一定的了解。正如前文所述，红外辐射的波长比可见光更长，受到的气体和尘埃的散射和吸收要少得多，所以它们能够更轻易地穿透密集的气体和尘埃区。

这里的每张照片都从不同侧面反映了创生之柱中恒星的形成过程。哈勃望远镜拍摄的 2 张照片采集了可见光和甚近红外（very-near-infrared）波段的数据，对比这 2 张照片可以发现不同的波段是如何揭示不同细节的。与可见光图像相比，从甚近红外图像中可以发现更多的恒星，以及柱状尘埃云内部的更多细节。当然，在韦布望远镜拍摄的高精度照片（右页图）中，可以看到更丰富的细微结构。

恒星的诞生

在右页图里柱状结构的末端，可以看到明亮的红色斑块，这标志着新恒星正在形成并向外喷出超声速气体喷流。这些喷流会与星云中的气体和尘埃相互作用，形成弓形激波，表现为周围物质中的波浪状线条。当大的气体和尘埃“结”（knot）在自身的引力作用下坍缩时，新恒星的形成过程便拉开了序幕。在被称为分子云的致密气体和尘埃的聚集体中，分子（主要是一氧化碳和氢）在低温下结合形成团块。当这些团块达到临界密度时，会在自身引力作用下坍缩，恒星便开始形成。

虽然右页这张照片使我们得以透过一部分哈勃望远镜无法穿透的尘埃来观察柱状结构的内部，但在某些非常致密的云团区域，柱状结构的内部仍然受到部分遮挡，我们也无法看到柱子后面的背景星系。

多年来，科学家持续观测创生之柱，积累了丰富的图像数据，他们研究后得出了一个结论：在 500 年内，我们就将告别这个史诗级的壮观结构了。因为一些观测表明，创生之柱所在的区域发生了超新星爆发，剧烈的爆炸使物质向外喷射并形成了激波，这些宏伟的柱状结构将因激波的冲击而渐渐消散。实际上，这个过程可能早在 6 000 年前就开始发生了，但由于创生之柱离我们非常遥远，所以我们还需要再过数百年才能看到这场灾难带来的全部后果。

猎户星云

又名梅西耶 42 号天体（M42）、NGC 1976

位置：银河系内猎户座腰带的南方

所在星座：猎户座

到地球的距离：约 1 344 光年

右图 使用近红外相机的长波通道观测到的猎户星云。

虽然猎户星云首次被“正式”发现是在17世纪，但有证据表明，古代的玛雅人可能在他们的创世神话中对其进行过描述。今天，天文学家已经对猎户星云进行了深入研究，从中发现了很多激动人心的物理现象。而且，普通人也能很容易地欣赏这个星云，因为用肉眼就能看到它，它就位于猎户座“佩剑”中间那颗恒星的位置。

猎户星云是一个恒星育儿室，非常明亮，其质量约为太阳的2 000倍。它实际上是一个更大的星云——猎户座分子云复合体的一部分，这个复合体贯穿整个猎户座。恒星的形成过程在整个复合体中广泛存在，但主要集中在猎户星云内部。

在猎户星云内部被尘埃遮蔽的隐秘之处，不断有新的恒星形成。科学家利用韦布望远镜搭载的不同仪器设备，将这个被广泛研究的天体的全新面貌呈现在我们眼前，如右页图所示。这张照片中最显眼的就是2颗非常明亮的恒星，它们都有8个尖角——这是韦布望远镜典型的衍射尖峰。

猎户四边形星团和气体尘埃网

下图　使用近红外相机拍摄的猎户四边形星团。

在猎户星云的核心，有成千上万颗年轻恒星，其中最著名的恒星集团要数猎户四边形星团了，这个星团在根据韦布望远镜近红外数据生成的照片（左图）中非常引人注目。在图中像红色火山喷发一样的红外辐射结构下方偏左的位置，有一个非常明亮的星团，这就是猎户四边形星团。这个星团在17世纪首先由伽利略·伽利雷（Galileo Galilei）观测并记录下来，伽利略还记录了其中5颗最亮的恒星，它们的质量介于15—30倍太阳质量之间。与其他望远镜相比，韦布望远镜的红外观测能力使其可以更好地观察猎户四边形星团周围的尘埃云以及其中的恒星。

这个恒星形成区大约有100万年的历史，相对于恒星的寿命而言，还比较年轻。其中的恒星有着丰富的多样性：从40倍太阳质量的大质量恒星到比太阳质量小得多的小质量恒星都有。

当用较长的波段观测时，韦布望远镜揭示了猎户星云和猎户四边形星团的另一番景象。在前页由韦布望远镜拍摄的主图中，这个星团显得没那么突出，而星云则像一张由气体和尘埃构成的蜘蛛网一样。丝丝缕缕的紫色结构是电离气体，而红色、棕色和绿色部分则是翻腾的尘埃和分子气体，其中包括多环芳烃——包含由多个碳原子连接在一起形成的环状结构的一类化合物。图像中心的巨星在消耗掉周边的气体和尘埃后挖掘出了一个空腔。

一种新的有机分子

恒星可以改变它们周围星际空间的环境，影响行星形成。本页下方的图像聚焦于猎户四边形星团的辐射与星云中的分子云相互作用的区域：其中最大的一幅图由近红外相机拍摄，右上方的局部放大图来自中红外仪器，右下方的局部放大图则是结合两者的数据后生成的，专注于其中一个相对较小的天区——名为 d203-506 的原行星盘。d203-506 中的恒星是一颗小型红矮星。

韦布望远镜在这个原行星盘中发现了一种以前从未在地球之外发现过的物质——甲基阳离子。甲基阳离子可以促进更复杂有机分子的形成，而有机分子正是所有已知生命形式的基础。

人们通常认为，强烈的紫外辐射会破坏有机分子，但现在有一种观点认为，强烈的紫外辐射可能会为甲基阳离子的形成提供必需的能量，为生命分子的形成提供基础。

下图　这组图像展示了猎户座棒，它是猎户星云的一部分。

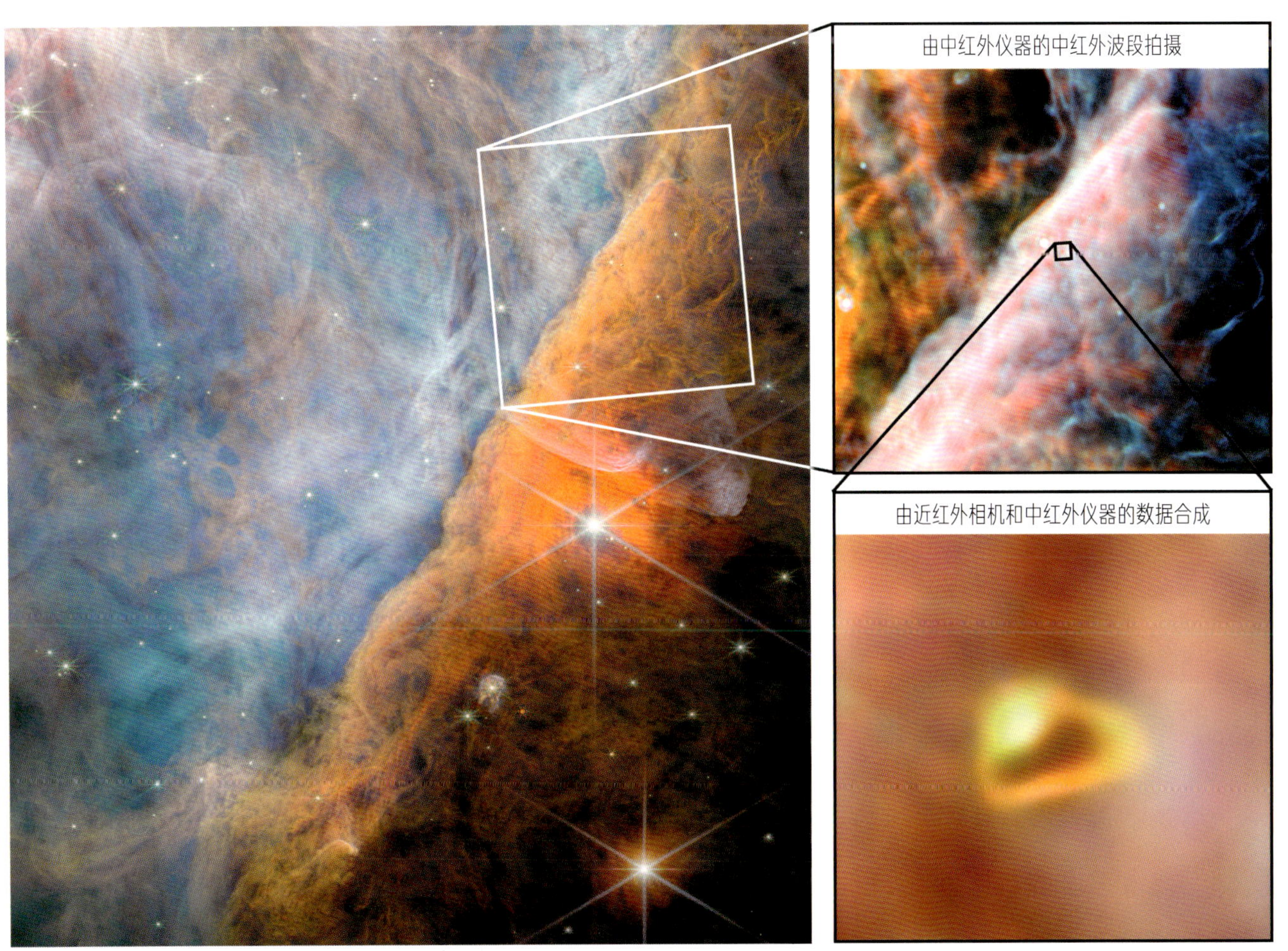

蛇夫座ρ星云复合体

所在星座：蛇夫座

到地球的距离：约 390 光年

右图 为庆祝韦布望远镜成功发射 1 周年，美国国家航空航天局发布了这张绚丽的照片。它以前所未有的细节展示了离地球最近的恒星形成区——蛇夫座ρ星云复合体。

大约 390 光年之外，新恒星正在蛇夫座 ρ 星云复合体中孕育。蛇夫座 ρ 星云复合体是蛇夫座的一部分，是距离我们最近的恒星形成区，其中有许多让天文学家着迷的现象。如果仅用可见光观测，这片区域看起来会是一片漆黑。但借助韦布望远镜的红外观测能力，天文学家能够透过那些令许多光学望远镜视线受阻的尘埃，直接看到这个充满新恒星“心跳”且震撼人心的复合体的核心。

许多明亮的光点都是刚刚诞生的恒星，其中一些恒星的质量与太阳相当。当谈到恒星时，质量是一个非常重要的物理量。恒星的质量不仅与其亮度密切相关，还可以让天文学家知道这颗恒星是如何诞生的，它的寿命大概有多长，甚至它将以何种方式死亡。在第 112—113 页的图像中，展示了大约 50 颗年轻的类太阳恒星，我们的太阳也曾像这些年轻、炽热的恒星一样。通过研究这些年轻恒星，我们可以重新评估和改进现有的关于类太阳恒星起源和演化的模型。

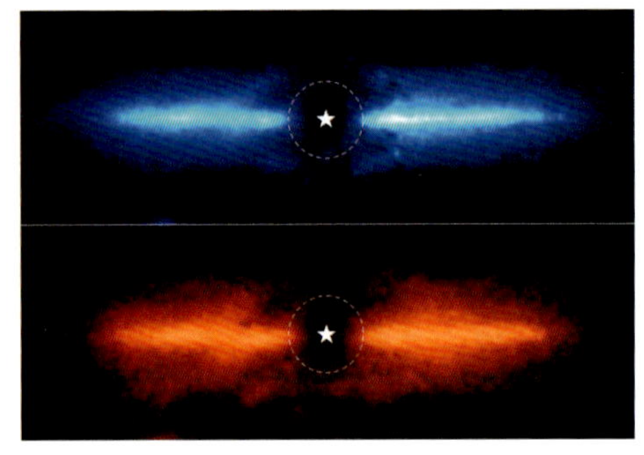

上图 近红外相机拍摄的围绕显微镜座 AU 型星（AU Microscopii）的原行星盘的图像。近红外相机上的星冕仪让科学家能够更加详细地研究这类原行星盘的细节。

下图 盘中的气体向赫比格－阿罗天体（Herbig-Haro object）的中心盘旋坠落，与此同时，磁场将等离子体喷射出去，形成极向喷流。

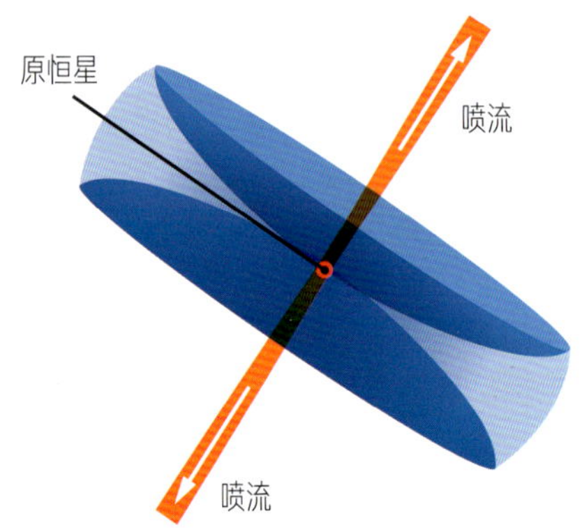

孕育中的行星

一些仔细研究过第 112—113 页图像的人发现，某些年轻恒星周围似乎存在某种特殊的阴影，这其实是它们被那些将形成新行星的物质团块所包围。恒星是从旋转的气体和尘埃云中形成的，在此过程中一些物质会形成一个围绕恒星旋转的盘状结构。这个旋转的盘状结构就是所谓的原行星盘，其中包含了可能会形成新行星的物质。

某些年轻恒星会喷出气体喷流，这些喷流出现在恒星首次突破包围它们的气体和尘埃“茧”的时候。在第 112—113 页的图像中，科学家利用韦布望远镜拍摄到了这种喷流中包含的星际气体（分子氢），并将其渲染成红色，可以看到它们占据了图像相当大的区域。在该图右上角，有一颗令人印象深刻的新恒星，可以看到由它驱动的 2 束巨型分子氢喷流，这 2 束喷流看起来像是组成了一根红色的棍子。

新生命

在右页由韦布望远镜拍摄的蛇夫座 ρ 星云复合体的照片中，可以看到一颗名为 S1 的新恒星占据了非常显眼的地位。它被一个发光的尘埃空洞包围，如同牡蛎壳中的珍珠一样。S1 与图中其他的恒星不同，它比太阳大得多。

包围 S1 的浅色气体与上文所述的红色分子氢不同，这些气体由宇宙中非常常见的一类有机分子——多环芳烃组成，科学家认为这些分子对于恒星和行星的形成至关重要。虽然这些分子在宇宙中广泛存在，但对于它们如何在宇宙中形成、演化以及与其他粒子发生反应，仍有许多未解之谜。

尽管韦布望远镜强大的红外观测能力为我们提供了观测蛇夫座 ρ 星云复合体的独特视角，但其中部分区域在韦布望远镜的视野中依然像暗影一般。在这些暗影之中，新的原恒星正在坍缩成形，经过漫长岁月后，它们将以炽热新恒星的面貌出现。

下图 恒星 S1 在尘埃的层层包围中闪闪发光。

恒星

我们的宇宙中包含许多恒星，恒星是由非常热的等离子体构成的受到自身引力束缚的巨型球状天体。平均来说，每个星系中大约包含 1 000 亿颗恒星，而天文学家从哈勃深场（Hubble Deep Field）的图像数据中得知，在可观测宇宙中有 1 000 亿—2 000 亿个星系。因此，通过粗略的计算，我们可以得知宇宙中有 100 万亿亿—200 万亿亿颗恒星。为了直观地理解这个数字有多大，我们可以用时间来做类比：10 亿秒相当于 31.71 年，1 万亿秒相当于 31 710 年，而 100 万亿亿—200 万亿亿秒将会是一个长到难以想象的时间。

恒星的质量和大小差异很大，而这 2 个因素将决定其演化的轨迹。恒星之所以能成为恒星，是因为其核心会持续发生核聚变，核聚变会将原子序数较小的简单元素（如氢和氦）转化为原子序数较大的复杂元素（如碳、氧和铁）。这个过程中产生的能量遵循著名的质能方程 $E=mc^2$，在这里，E 代表能量，m 代表质量，c 代表真空中的光速，其数值约为 3 亿米每秒。

这个方程告诉我们，在简单元素通过核聚变转化成复杂元素的过程中，即使只有极少的质量损失，也会产生巨大的能量，并且能量将以电磁辐射的形式释放出来，这就是我们看到恒星发光的原因。核聚变会在恒星中心产生向外的压力，压力会与恒星巨大质量产生的向内的引力达到平衡。

一颗大小与太阳相当的恒星需要大约 5 000 万年的时间才能达到稳定状态（即进入主序阶段），其稳定状态将持续 80 亿—100 亿年。质量特别大的恒星被称为超巨星，它们释放能量的速度要快得多，但寿命也短得多，只有大约几百万年。

左图 韦布望远镜拍摄的星系 I Zw 18 的图像，图中以前所未有的丰富细节展示了该星系中的恒星形成区。该星系是瑞士天文学家弗里茨·兹维基（Fritz Zwicky）在 20 世纪 30 年代发现的。

蝘蜓座 I 分子云

所在星座：蝘蜓座

到地球的距离：约 630 光年

下图　近红外相机窥探了蝘蜓座 I 分子云冰幕下的情况。

蝘蜓座分子云是天空中一个颇具神秘色彩的区域，它其实是一个宽约 65 光年的大型恒星形成区，由蝘蜓座Ⅰ、蝘蜓座Ⅱ和蝘蜓座Ⅲ这 3 个分子云组成，它们也被称为暗星云。暗星云中的分子密集分布，导致可见光无法从中逃脱。这也意味着，任何在云团内部或背后形成的恒星，在光学望远镜的视野中都是“不可见的”。不过，对于韦布望远镜的红外探测器来说就并非如此了。

在蝘蜓座Ⅰ分子云的深处，水在低温的尘埃颗粒上凝结成冰。在第 118—119 页和右页的图像中，可以看到恒星在一片缥缈的气体和尘埃背景中散发出橙色的光芒。利用光谱学技术分析这些恒星发出的光，就可以确定这个寒冷、幽暗的星云中冰晶的化学组成了。

当恒星的光线穿过冰晶时，某些波长的红外辐射会被吸收，吸收情况与冰晶的化学成分有关。通过这种方法分析韦布望远镜的数据后，科学家已经在这一云团中发现了水冰以及冰质的羰基硫化物、氨、甲烷和甲醇分子。随着时间的推移，这些尘埃颗粒上的冰晶会不断增长，甚至有一天可能会成为行星核心的种子。

这一技术的实现要归功于韦布望远镜极高的灵敏度，它的数据让天文学家能够洞悉复杂分子是如何在宇宙中形成的，而这些分子是未来进一步构筑生命基石的必要条件。

右页图 哈勃望远镜拍摄的蝘蜓座Ⅰ分子云中恒星形成区的图像。这是一张包含 3.15 亿像素的拼接图像，由 23 次观测的数据合成。

下图 恒星及其周围的行星在星云中的形成过程示意图。

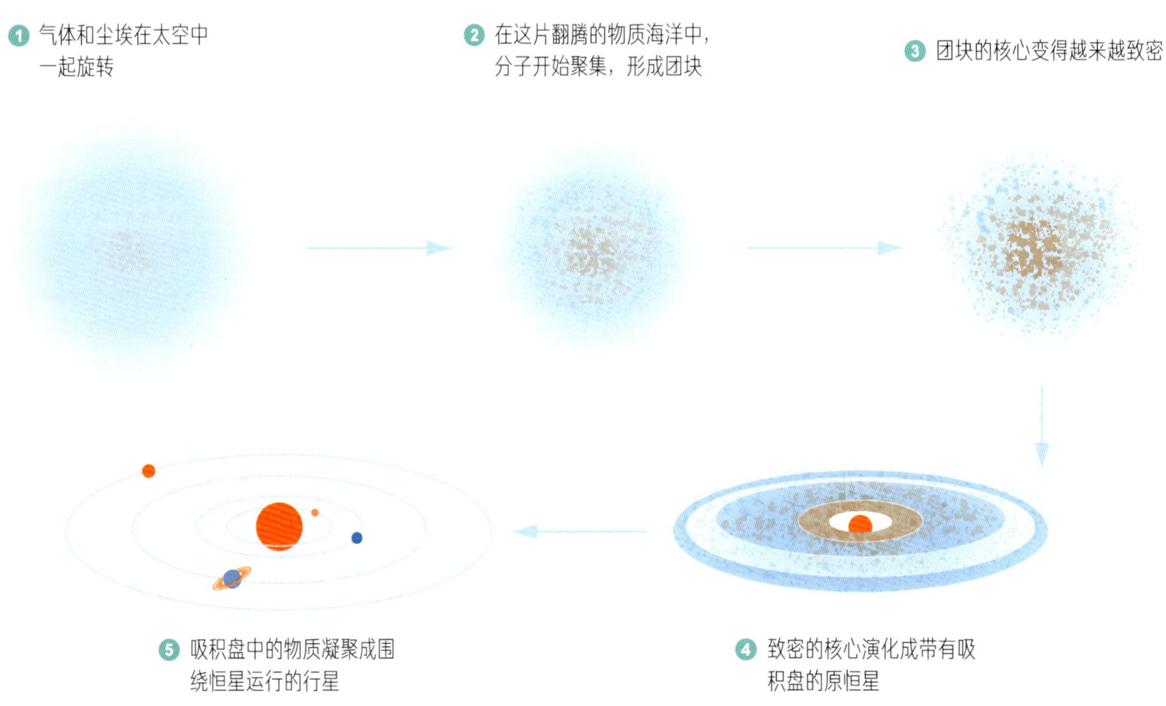

赫比格－阿罗 46/47

所在星座：船帆座

到地球的距离：约 1 470 光年

下图　在这幅韦布望远镜拍摄的赫比格－阿罗 46/47 的图像中，可以看到恒星正在形成。

在第 122—123 页这张色彩斑斓的照片的中心，2 颗紧挨着的恒星正在形成。要找到它们，只需沿着明亮的粉红色和红色衍射尖峰往中间追溯，它们就位于橙白色斑块中。这 2 个天体深深地隐藏在一个椭圆形的气体和尘埃盘里，盘中的物质不断为恒星的生长供应原料。

这个盘状结构本身不可见，但科学家可以在图中环绕核心中 2 颗恒星的 2 个暗淡的圆锥形区域中找寻其蛛丝马迹。图中为我们展示了新恒星的诞生过程及其对周围星际环境产生的影响。这些新恒星被气体和尘埃覆盖，电磁波谱中的可见光被阻挡了，因此在拉西亚天文台的地基望远镜拍摄的图像中无法看到这 2 颗恒星的活动。然而，韦布望远镜的红外观测能力使我们得以窥探这个蕴藏着巨大能量的恒星诞生过程。

新恒星的诞生

恒星在形成过程中，会从周围区域吸积气体和尘埃，但就如同婴儿可能会因为吃太多食物而呕吐一样，它们也会向外喷射物质。这些物质与星际空间的物质相互作用，形成明亮的发光斑块，出现这种现象的天体被称为赫比格 - 阿罗天体（这是一种半星半云的天体，有不少人认为这是原恒星的某个阶段或某种形态）。20 世纪，两位天文学家——乔治·赫比格（George Herbig）和吉列尔莫·阿罗（Guillermo Haro）分别独立开展了对猎户星云中恒星形成的研究，并各自认识到这些明亮区域与新恒星的形成有关，两人在 1949 年才初次见面。为了纪念两人的贡献，赫比格 - 阿罗天体以他们的名字命名。

赫比格 - 阿罗天体只是恒星形成过程中的一个特定阶段，其寿命比较短暂，仅有数万年。此外，随着这种天体远离母恒星并与周围的气体云融为一体，它们还会经历快速（相对于宇宙尺度而言）的变化。第 122—123 页韦布望远镜拍摄的图像向我们展现了引人注目的赫比格 - 阿罗 46/47，天体两侧像一对橙色翅膀一样的旁瓣就是早前喷流的残余物，而新物质还在被不断喷出。正是通过这种质量调整过程，恒星逐渐趋向稳定，图中这 2 颗恒星真正达到稳定状态还需要数百万年。

上述色彩斑斓的天体活动，是在淡蓝色的背景中进行的，实际上这个背景是一个星云。如果在可见光下观察这个区域，它看起来是黑色的（如右页图所示），因为大多数可见光都被散射了，只剩下少数背景恒星在昏暗的背景中闪烁。但是，借助韦布望远镜的近红外观测能力，我们可以透过云层看到更多的背景天体。

右页图 使用欧洲空间局的新技术望远镜（New Technology Telescope）拍摄的赫比格 - 阿罗 46/47 的图像。新技术望远镜是一台地基望远镜，位于智利的拉西亚天文台。

赫比格 - 阿罗 797

位置：靠近疏散星团 IC 348

所在星座：英仙座

到地球的距离：约 1 000 光年

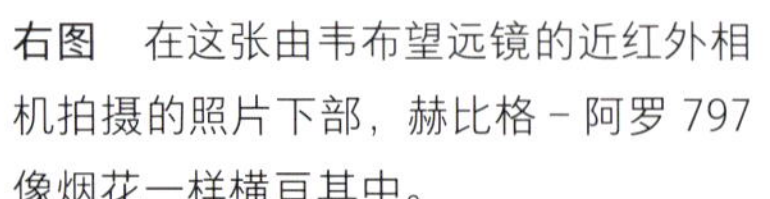

右图 在这张由韦布望远镜的近红外相机拍摄的照片下部，赫比格 - 阿罗 797 像烟花一样横亘其中。

对天文学家来说，IC 348 中的暗云复合体是寻找原恒星的理想场所。这些尚未触发核聚变的恒星正处于其演化过程中非常神秘和激动人心的阶段，它们正在吸积物质以达到临界质量，但令人惊讶的是，它们也在向外抛射物质。抛射过程主要是由原恒星的旋转能、磁场和辐射压引起的。这些因素引起的斥力从一定程度上抵消了原恒星对物质的引力，因此对最终形成的恒星的质量大小有重要影响。

包裹在原恒星周围的气体和尘埃使得这些天体在光学望远镜下看起来是不透明的，但韦布望远镜对红外辐射很敏感——尤其是在使用近红外相机时，因此可以穿透这些物质，观察到内部的恒星形成情况。

赫比格 - 阿罗 797 占据了第 126—127 页图像的下半部分，就好像有人用画笔蘸上颜料，在图中画了一道条纹一样。在图像右下方的位置，有一小片暗区，过去天文学家认为这个区域只有一颗原恒星，它的自转控制了其物质的外流。但实际上，这里有 2 颗原恒星，它们都在向周围的空间喷射物质流，这些物质流与周围的气体和尘埃碰撞。当韦布望远镜观测到的不同波长被赋予不同的颜色时，就会产生万花筒般绚烂多彩的景象。经过色彩渲染后的图像不仅极为美丽，而且有着丰富的科学内涵。

除了赫比格 - 阿罗 797 中的原恒星，在图像的上半部分，还有另外 2 颗原恒星，它们喷射出具有强大能量的喷流，并与暗云中的物质相互作用。在图像的右侧边缘位置，能看到一颗非常明亮的恒星，它具有韦布望远镜视角下独特的八角星芒。

比邻而居

IC 348 及其周围的天区充满了有趣的现象。在赫比格 - 阿罗 797 以北不到 1° 的地方，赫比格 - 阿罗 211（右页图）用一次强烈的气体和能量爆发宣告了自己的诞生。这是一颗原恒星，目前的质量比太阳小。它仿佛让我们看见了太阳在数十亿年前刚诞生时的样子，那时太阳还不是我们现在熟知的发光巨兽。

天体物理学家对这些早期的类太阳恒星非常感兴趣，因为它们使科学家能够研究我们的太阳是如何形成和演化的，以及孕育类太阳恒星并使生命能够在地球这样的行星上繁衍生息所需要的条件。对原恒星的观测是相当困难的，因为它们被可见光无法穿透的气体和尘埃包围，不过，剧烈的物质外流活动会辐射出韦布望远镜可以探测到的红外辐射。

在下面这幅图像中，你可以看到物质（和能量）从原恒星中喷涌而出，并撞向周围的尘埃云。2 条红色的喷流从黑色的中心激射而出，这些是原恒星喷射出的气体物质形成的狭窄喷流。观测时，科学家发现红色气流似乎呈现出摇摆的姿态，于是他们提出了一种假设，即这里的原恒星实际上有 2 颗，它们靠得很近并相互绕转。

当喷流遇到附近的尘埃和粒子时，会产生弓形激波。在离原恒星最近的位置，物质外流的速度可达 90 千米每秒。然而，科学家在研究这些数据时发现，弓形激波本身的速度比物质外流的速度要慢得多。这使他们推断出，从这些原恒星中心冒出的喷流实际上是由分子物质组成的，而非由简单的原子构成。由于原恒星的弓形激波速度较低，物质不会被分解成原子。此外，随着演化过程的继续，带电粒子会从年龄稍长的恒星中高速流出。

下图 由近红外相机捕捉到的赫比格－阿罗 211，它位于英仙座的疏散星团 IC 348 附近，距离地球约 1 000 光年。

原恒星 L1527

所在星座：金牛座

到地球的距离：约 460 光年

右图 一颗新恒星正在这个炽热的沙漏形区域的颈部形成，该图由韦布望远镜的近红外相机拍摄。

在这场烈焰风暴的中心，也就是沙漏的颈部，有一颗相对年轻的原恒星，大约只有 10 万岁。恒星形成的早期阶段通常是难以观测的，因此对天体物理学家来说很难研究。利用韦布望远镜的红外之眼，我们能够看到这颗恒星在其摇篮星云的气体和尘埃中形成的过程。科学家认为解开婴儿期恒星的秘密是非常重要的，因为这可以帮助我们了解太阳在婴儿期发生了什么。

在下面这幅图像的两翼之间，有一条暗线，就像蝴蝶的身体一般。原恒星的引力将周围的气体和尘埃吸引过来，形成一个盘，这就是我们之前说过的吸积盘，其大小与太阳系相当。盘里的很多物质最终将成为这颗正如饥似渴地吞噬周围物质的天体的燃料。

下图 L1527 附近的局部放大图。

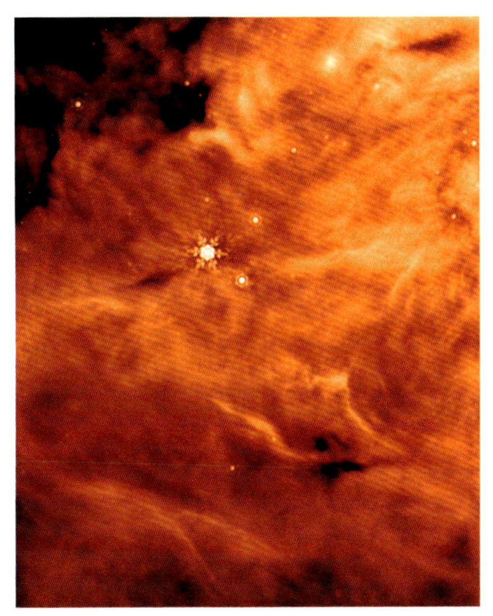

上图 由中红外仪器拍摄的原恒星IRAS 23385附近区域的照片。图中有一颗明亮的恒星和一些较暗的恒星，可以看到它们周围有很短的衍射尖峰。

下图 恒星形成过程。

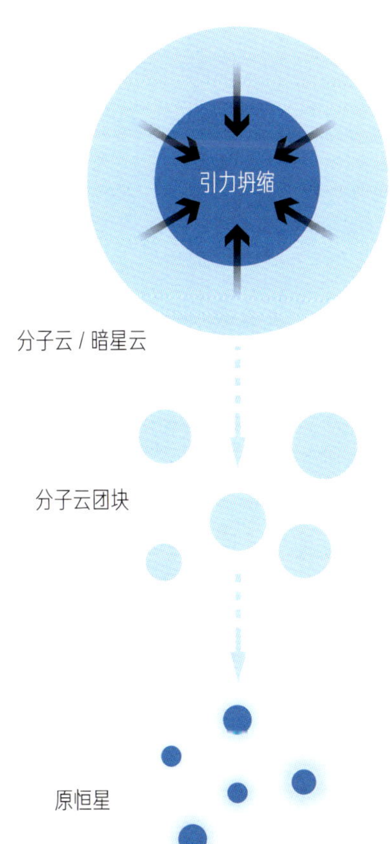

婴儿期恒星周围的环境既动荡又令人兴奋。L1527 正在吸收物质，并从两极喷射物质和能量。这些喷流延伸到太空中，与周围尘埃相互作用，形成了巨大的橙色和蓝色的翼状结构。蓝色的部分是尘埃最稀薄的地方，它们扩散到了星际空间；而在橙色部分，尘埃更为密集。婴儿期恒星将持续向周围的星际空间注入物质和能量，这些物质和能量与它先前抛射到周围环境中的原子和分子相互作用。科学家在翼状结构中发现了像气泡一样的结构，这可能是因为原恒星间歇性地喷射物质和能量。喷流在周围分子云中产生的扰动会妨碍其他恒星的形成——当分子开始聚集时，喷流引发的激波会像海浪冲击沙堡一般将它们冲散。

一颗非常年轻的原恒星

L1527 被认为是一颗 0 级原恒星，这是恒星形成的极早期阶段，此时它们还没有开始产生自己的能量。太阳通过其核心的氢元素的核聚变来产生能量，而原恒星尚未启动核聚变。随着时间的推移，L1527 将继续吸引更多的物质，在引力作用下物质将不断坍缩。当这种情况发生时，其核心温度将持续上升，直到核心中的氢元素开始融合，核聚变过程也就开始了。L1527 距离启动核聚变还需要许多年的时间。

这颗原恒星被包裹在厚厚的尘埃茧中，如果我们在可见光波段观测，视线将完全被尘埃茧遮挡。只有借助韦布望远镜的红外观测能力，我们才能够捕捉到这只烈焰蝴蝶。

L1527 距离成长为一颗像太阳一样稳定燃烧的恒星，还需要数百万年的时间，而距离行星在环绕它的轨道上生长、成形，则需要更长的时间。目前，它是一个不稳定的巨型等离子体球，大小不足太阳的一半。像赫比格 – 阿罗 211 一样，这颗原恒星给天文学家提供了一个一探太阳年轻时芳容的机会。我们不能期待时光倒流，回到太阳是一团不稳定物质的时候（那时它吞噬周围的物质，同时像一个发脾气的小孩乱扔东西一样喷射物质），但通过观察像 L1527 这样的原恒星，我们可以了解我们赖以生存的太阳是如何诞生并演化到成熟稳定状态的。

沃尔夫 - 拉叶 124

所在星座：天箭座

到地球的距离：约 15 000 光年

右图 这是一幅使用近红外相机和中红外仪器的数据合成的图像，展示了位于天箭座的沃尔夫 - 拉叶 124。这种特殊的天体实际上是即将发生超新星爆发的恒星，这一阶段很短暂。

在第 134—135 页的图像中，我们看到的是恒星即将发生超新星爆发时的情形。在如同花朵般美丽的 M1-67 星云中心，有一颗沃尔夫－拉叶星（Wolf-Rayet star）——沃尔夫－拉叶 124。这类恒星的质量一般为太阳的 25—30 倍，具有独特的化学成分，并且温度极高。在图中我们可以看到沃尔夫－拉叶 124 呈现出韦布望远镜视角下特有的八角星芒。一些大质量恒星在演化末期会变成沃尔夫－拉叶星，在这个阶段，它们已经消耗了大部分的氢燃料，并开始融合较重的元素。

与此同时，恒星的气体物质将从表面喷出，冷却后成为宇宙尘埃并形成围绕恒星的尘埃晕。这些充满尘埃的区域非常有趣，因为尘埃充当了培养皿的角色，为新恒星和行星的诞生提供了条件，同时也是分子聚集和形成的地方，并且有可能孕育出生命。

右图 由欧洲南方天文台拍摄的阿佩普恒星系统，它是一个三合星系统，是展示恒星之间以及它们对周围物质强大引力的范例。

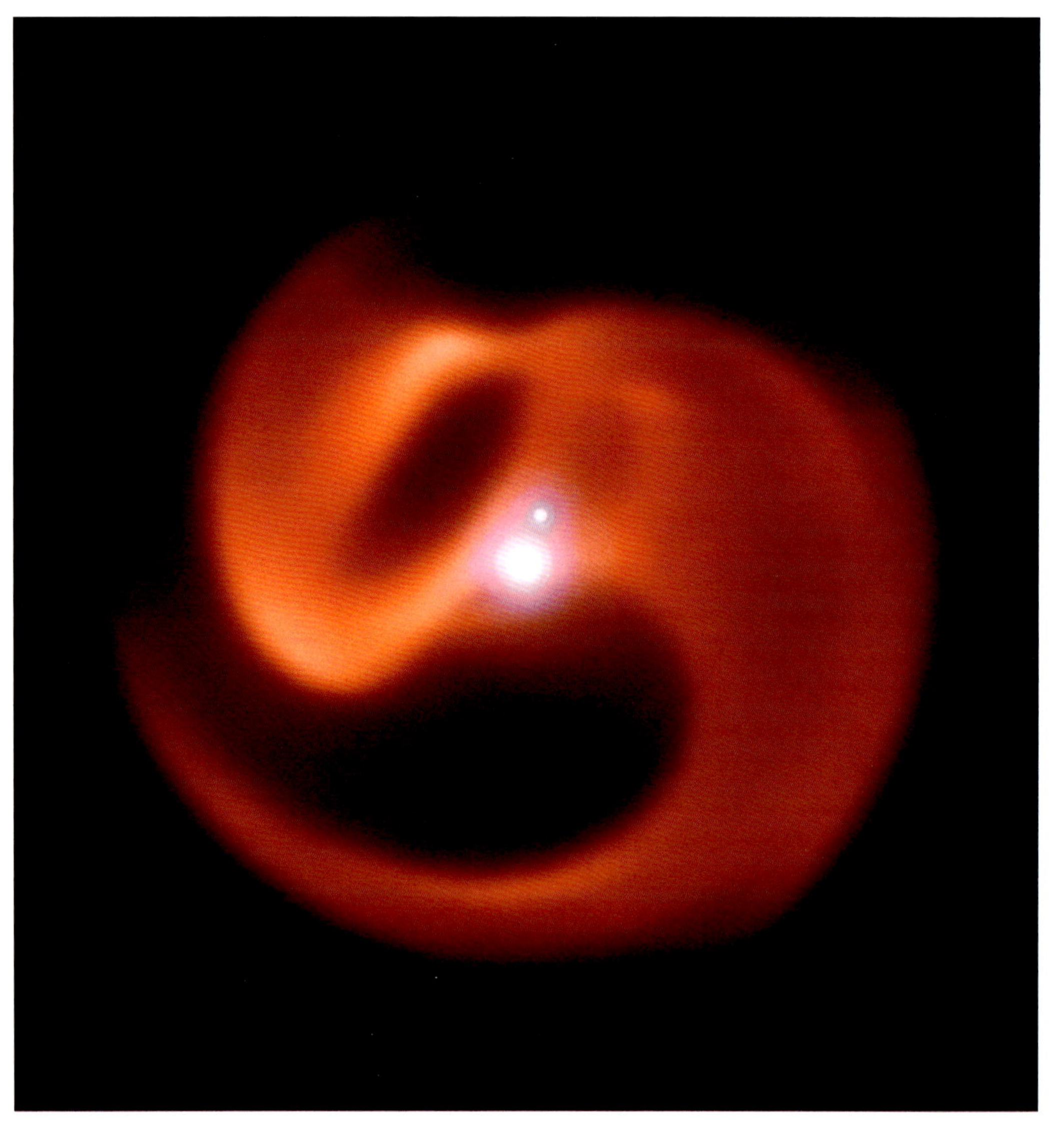

到目前为止，沃尔夫 – 拉叶 124 已经喷射出了相当于 10 倍太阳质量的物质。这些物质在图中表现为黄色、粉红色和红色的混合体，看起来像是绽放的花朵。这些物质形成的尘埃云就是前面说到的 M1–67 星云，其扩展速度超过 15 万千米每小时（作为参考，地球的周长大约是 4 万千米）。假如物体以这个速度绕地球运动，绕地球一圈只需要大约 15 分钟。

科学家之所以对宇宙中这样的区域非常感兴趣，除了因为它们令人敬畏、使人谦卑、充满了许多壮观而有趣的现象，还因为在那里存在各种极端的物理条件。沃尔夫 – 拉叶星如此大规模的能量释放在地球上是不可能复现的，理论物理学家和数学家只能从理论上推测物质在这种物理条件下的行为方式，但很难在实验室中进行验证。通过观测这些巨大的能量熔炉，我们可以知道实际会发生什么，并对宇宙的极限有更多的了解。

独特的化学特征

沃尔夫 – 拉叶星这个名字取自两位天文学家查尔斯·沃尔夫（Charles Wolf）和乔治·拉叶（Georges Rayet），他们在 1867 年首次发现了这种非常热的新型恒星。并不是所有的大质量恒星都会变成沃尔夫 – 拉叶星，主要决定因素是其化学组成。我们可以通过分析恒星光谱来确定其化学成分，这使我们能够更科学地找到沃尔夫 – 拉叶星。到目前为止，在我们的银河系中仅发现了大约 200 颗沃尔夫 – 拉叶星，但理论估计银河系中可能有多达 2 000 个这种天体，它们大多隐藏在尘埃云中。借助韦布望远镜的红外观测能力，未来我们可能会发现更多的此类恒星。

韦布望远镜拍摄的沃尔夫 – 拉叶 124 的照片融合了近红外相机和中红外仪器的数据，即结合了近红外和中红外波段。近红外相机展示了恒星的极高亮度及周围的气体和尘埃，中红外仪器则揭示了恒星周围星云的花瓣状结构。明亮的气体和尘埃团块在沃尔夫 – 拉叶 124 发出的强大星风中聚集、壮大。

沃尔夫 - 拉叶 140

所在星座：天鹅座

到地球的距离：约 5 600 光年

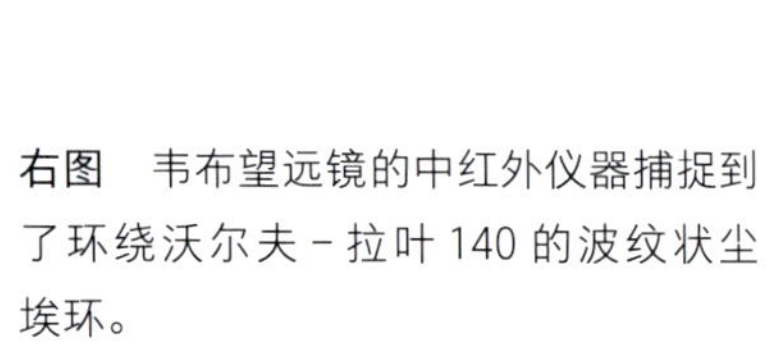

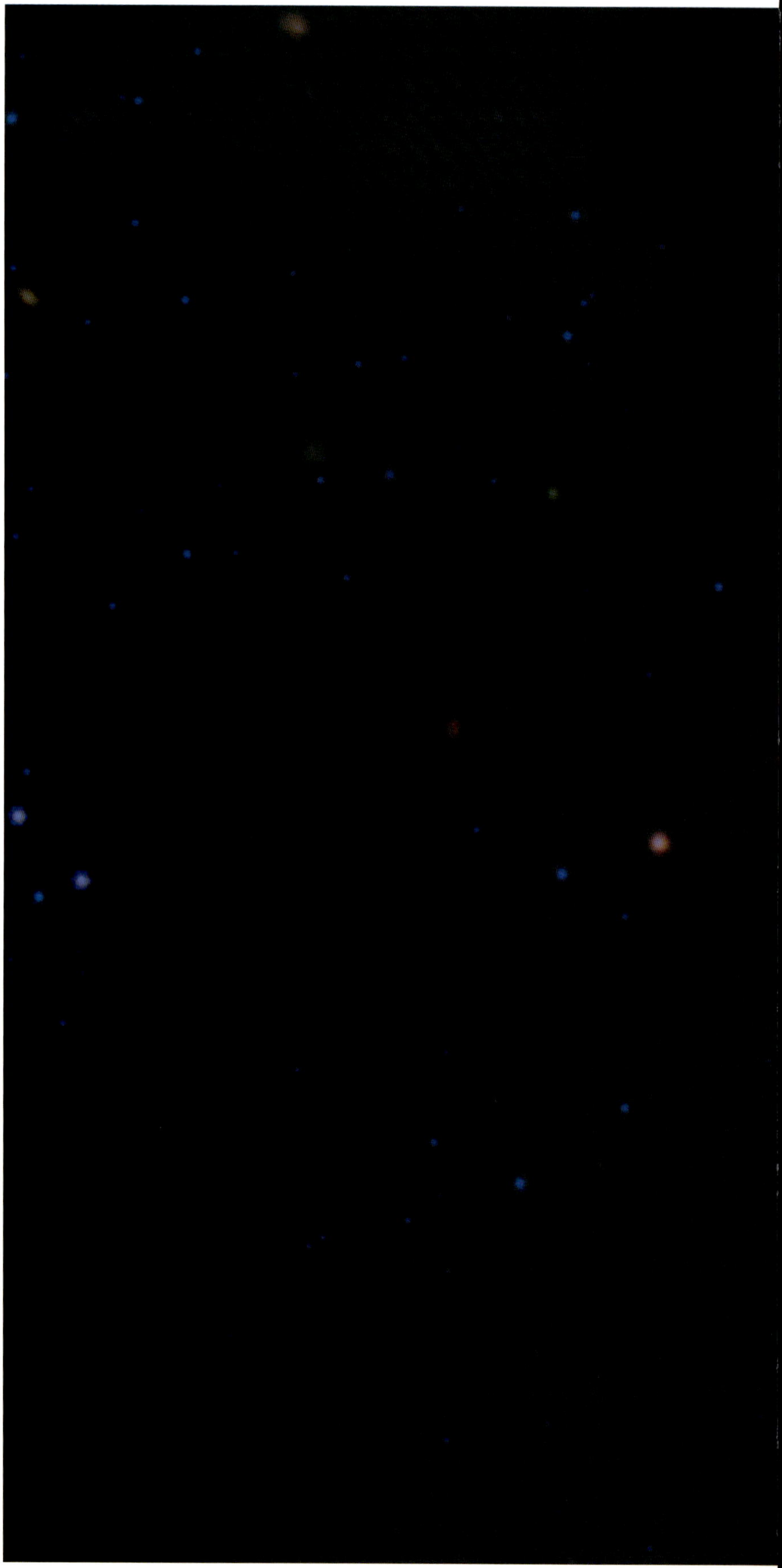

右图 韦布望远镜的中红外仪器捕捉到了环绕沃尔夫 - 拉叶 140 的波纹状尘埃环。

在第 138—139 页韦布望远镜所摄的图像中，光晕效果并不是由镜头脏污或恒星本身亮度过高造成的。沃尔夫－拉叶 140 被巨大的尘埃团包围着，以前，我们只知道该天体周围 17 个壳层中的少数几个，但现在韦布望远镜让我们看到了全部的壳层，向我们展现了这个非凡天体的不同面貌。

天文学家几十年来一直在研究沃尔夫－拉叶 140，因为它是展现宇宙中“尘埃工厂”的绝佳案例。沃尔夫－拉叶 140 实际上是一个双星系统，由一颗沃尔夫－拉叶星和一颗更大的巨星组成。沃尔夫－拉叶 140 似乎拥有特别高的尘埃浓度，科学家不确定这究竟是源自恒星内部的核物理过程，还是因为它并非一颗孤立的恒星。

沃尔夫－拉叶 140 中的 2 颗恒星被彼此的引力绑定，跳起了一场星际舞蹈。其中的巨星（尚未濒临死亡）比沃尔夫－拉叶星更大更亮，但沃尔夫－拉叶星作为超新星的前身星，其光谱在电磁波谱中的分布更广，在韦布望远镜的视野中显得非常有趣。这 2 颗恒星每 8 年

下图　当沃尔夫－拉叶 140 中的 2 颗恒星彼此靠近时，它们的星风相互碰撞并产生了大量尘埃。

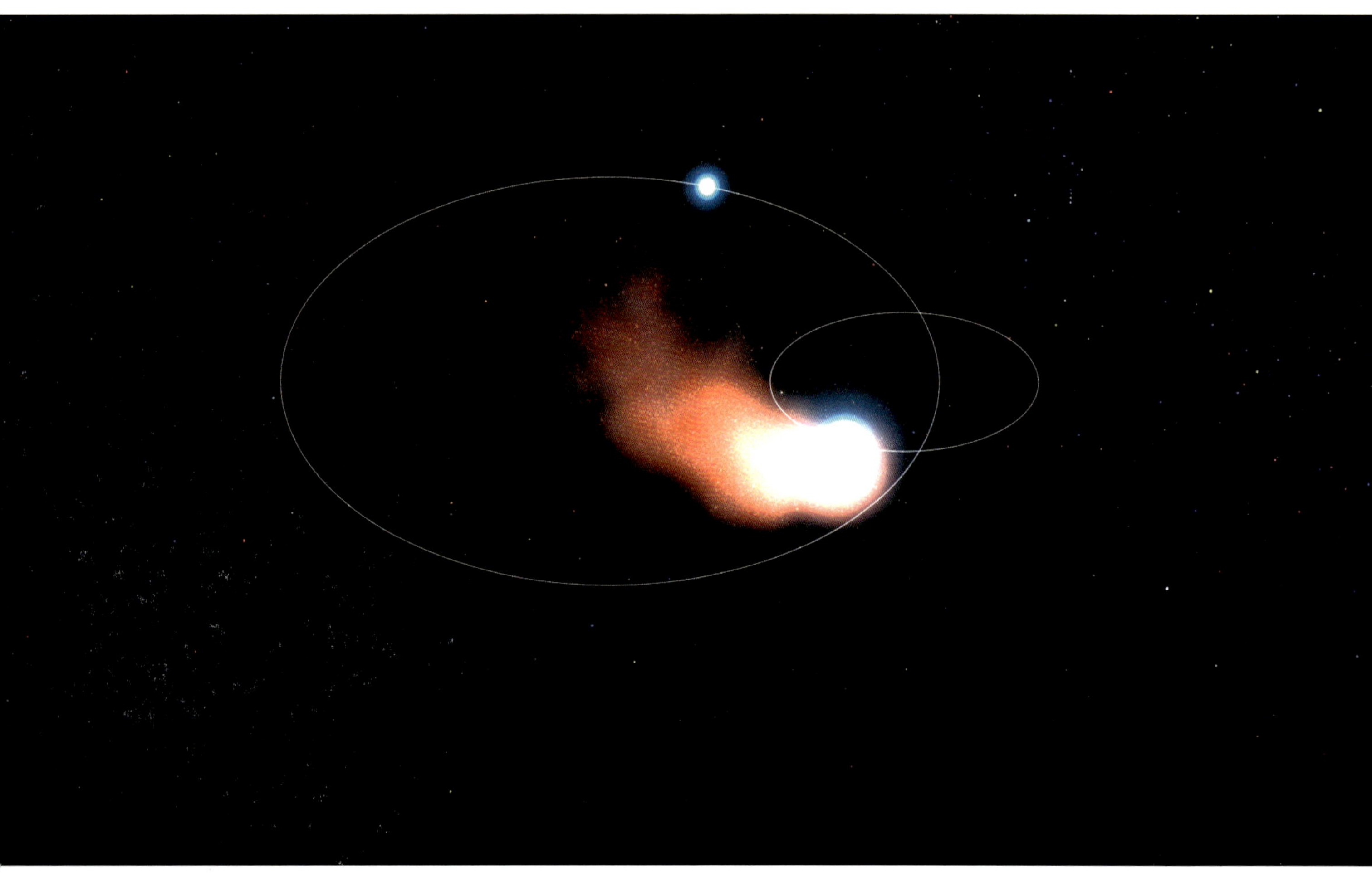

就会运行到距离最近的位置，而即便当它们相距最远时，彼此之间的距离也只比太阳与天王星之间的平均距离（约 28.71 亿千米）略大。在它们相距最近的时候，彼此之间的距离与日地距离相当，这时会发生令人兴奋的现象。

尘埃壳层

沃尔夫－拉叶 140 中的巨星的星风与沃尔夫－拉叶星喷出的尘埃碰撞，会产生周期性的脉动，由此形成了围绕这对恒星的同心尘埃壳层。这些壳层就像是三维的年轮，17 个壳层记录了这里超过 136 年的尘埃生产历史。

在这段时间里，最外层的壳层已经传播了遥远的距离（大约是日地距离的 70 000 倍）。利用中红外仪器，韦布望远镜不仅能看见这些壳层，还能分析壳层的化学组成。科学家怀疑这些壳层中含有多环芳烃，它被认为是一类对行星和恒星形成甚至是生命诞生至关重要的含碳分子。

下图　恒星的生命周期。

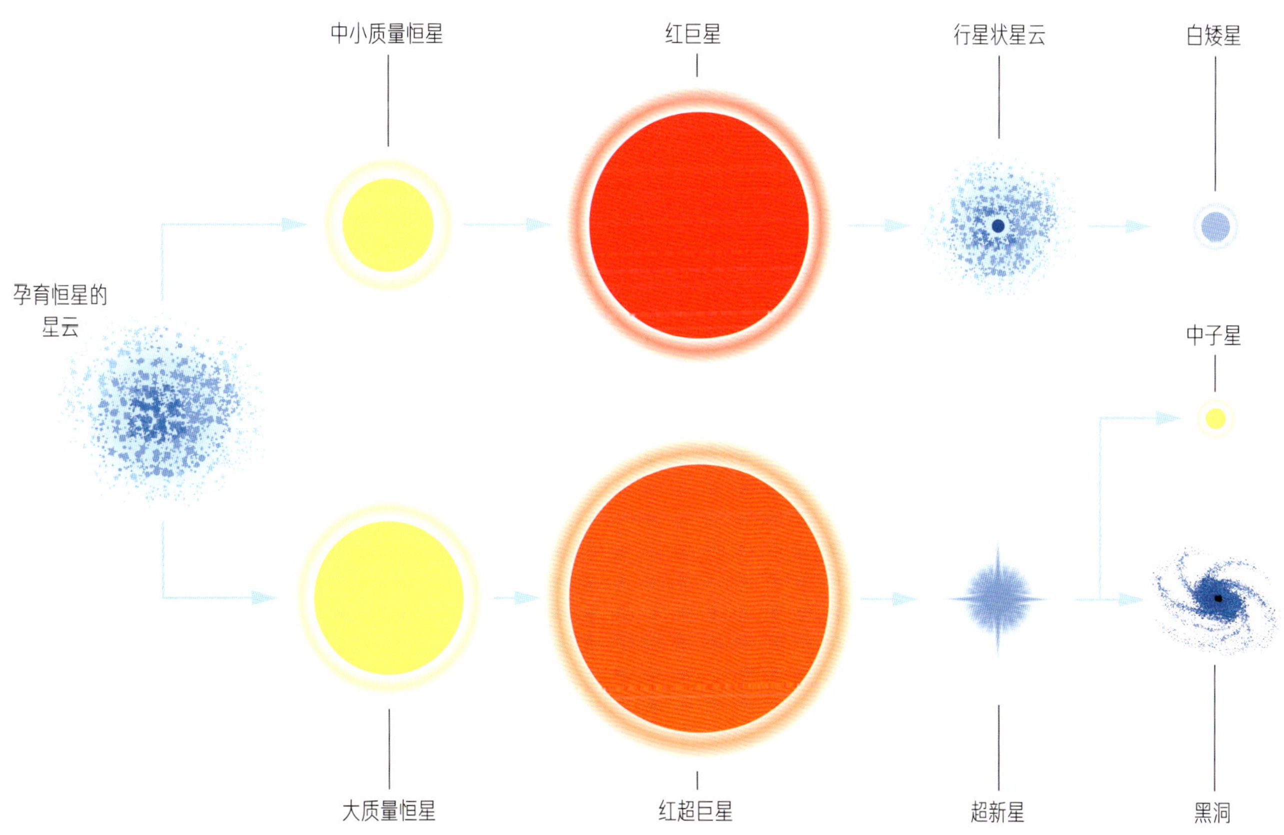

南环星云

又名 NGC 3132

所在星座：船帆座

到地球的距离：约 2 000 光年

左图 南环星云是一个行星状星云，在这张近红外相机拍摄的照片中，可以看到位于该星云中心的 2 颗大质量恒星中的 1 颗。

右页图 · 上和左下 南环星云图像，由近红外相机和中红外仪器的数据合成。

右页图 · 右下 南环星云图像，由中红外仪器拍摄。

在这片泛着辐射涟漪的区域中心，有 2 颗恒星，其中 1 颗正在走向死亡。喷出的气体和尘埃是它生命最后阶段的呼吸，这一过程已持续了数千年。南环星云被归类为行星状星云，但这一名词实际上与行星无关。行星状星云指的是由稀薄电离气体组成的有明晰边缘的小圆面状星云，它们实际上是即将消亡的恒星喷射出的巨大气体壳层。行星状星云为科学家研究恒星死亡过程以及它们的喷射物如何改变周围的星际环境提供了重要线索，分析组成这些星云的各种分子也有助于我们理解新恒星的形成过程。

恒星共舞

在南环星云气体环状结构的中心，2 颗恒星处于不同的演化阶段。它们围绕彼此旋转，塑造了周边独特的星际景观。右页右下角的图像是我们首次看到被尘埃包裹的第二颗恒星。这颗恒星在中红外仪器的图像中呈现红色，是一颗白矮星。它在从活动恒星转变为白矮星的过程中向外喷出了物质脉冲，这些物质会逐渐向外扩散，就像池塘中的涟漪一样。

科学家认为这颗恒星最后的壳层现在也应该已经被剥离出来了，因此对它仍然被尘埃包裹感到非常奇怪。另一颗呈蓝色的恒星继续与白矮星过去的喷射物相互作用。这 2 颗恒星的共舞扭曲了周围的物质涟漪，并使白矮星以杂乱无章的方式喷射物质。这场惊心动魄的宇宙拉锯战发生在五彩斑斓的恒星和星系背景下。

逃逸的光芒

在近红外相机的观测中（第 142—143 页图），白矮星几乎是看不见的，另一颗活跃的恒星则像牡蛎中的珍珠一样闪耀。这颗恒星具有韦布望远镜视野中标志性的八角星芒，它的光芒透过星云中的空洞照射出来。然而，星云的某些区域物质太过密集，以至于光线无法透射，在这幅图像中这些区域呈现青绿色。同时，星云中偏透明的红色部分则包含了遥远的背景星系。

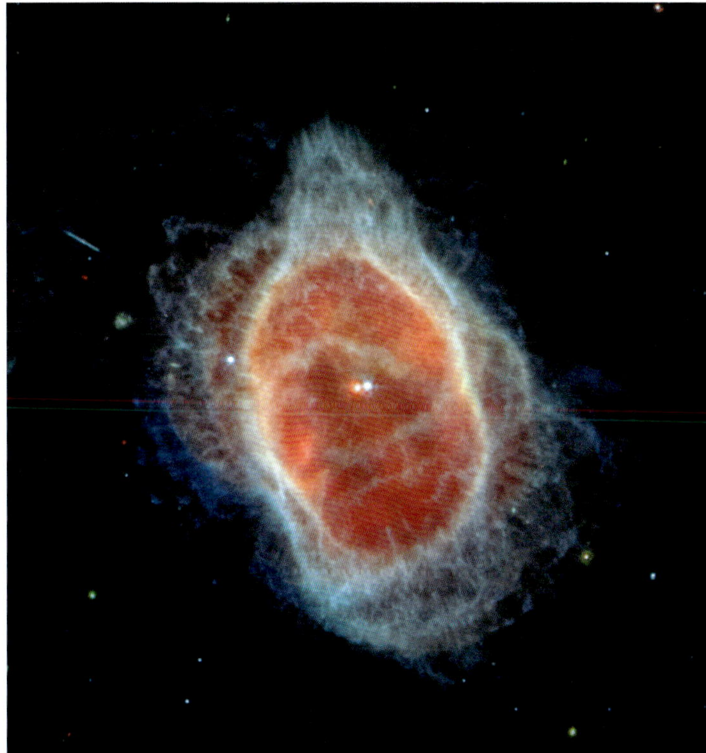

仙后座 A

所在星座：仙后座

到地球的距离：约 11 000 光年

右图 这张由近红外相机拍摄的照片，揭示了仙后座 A 这个著名超新星遗迹的新特征。

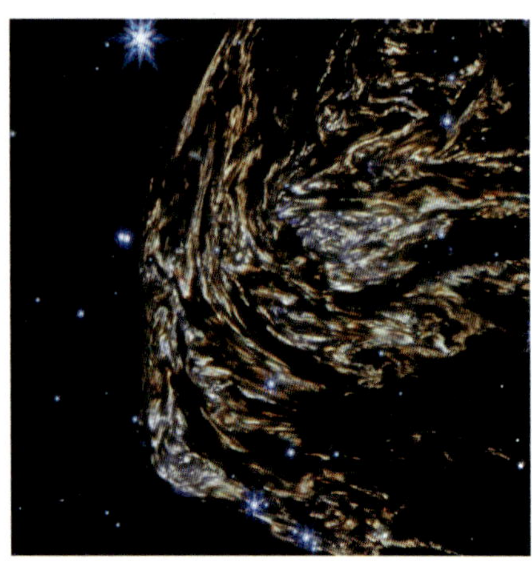

大约 340 年前，形成仙后座 A 的超新星的光芒才传播到地球。超新星可以在很短时间内抛射出几倍太阳质量的物质，这些物质以光速的 5%—10% 的速度被抛射出去，从恒星中心向四面八方飞出，在周围的星际介质中形成一个向外扩张的激波。

正是一颗恒星的死亡，才带来其他恒星的诞生。恒星的残骸富含原子序数较高的元素，而膨胀的壳层则能够促进周围的星际介质凝结成团块，并触发新恒星的形成。科学家估计仙后座 A 的膨胀壳层的温度约为 3 000 万摄氏度，并且正以 4 000—6 000 千米每秒的速度扩张，也就是 1 秒钟内几乎能从伦敦移动到纽约。不过要注意的是，这个超新星遗迹并不是均匀扩张的。

在第 146—147 页的图像中，超新星的膨胀壳层正在撞击先前喷出的气体。超新星的内壳层是由恒星喷出的较重元素组成的，主要是硫、氧、氩和氖，这些元素被标记为明亮的粉红色和橙色。当恒星发生超新星爆发时，它们被抛入周围的太空。

仙后座 A 的壳层内的白烟状结构实际上是同步辐射发出的光，这种辐射是带电粒子在高速穿越磁场时发出的。韦布望远镜可以通过其红外探测器看到这种辐射。

光回声

在第 146—147 页图像的右下角，科学家意外地发现了一个光回声（light echo）。光回声是光被远处的天体反射产生的，在这种情况下，早先爆炸发出的光在到达了一团气体云后将其加热，使其发出红外辐射。研究人员将这团大型的条纹状气体云称为仙后座 A 宝宝（Baby Cas A）——尽管它实际上距离仙后座 A 这个超新星遗迹相当远（大约 170 光年）。这幅图中还有其他的光回声，它们像是带有条纹的鱼一样在超新星残骸中穿梭。

左图　从第 146—147 页近红外相机所摄照片中提取的有趣结构，其中包括仙后座 A 宝宝（左下图）。

上图 中红外仪器视角下的仙后座 A。

超新星遗迹

在上图中，韦布望远镜提供了这个超新星遗迹的新细节。火焰般的橙色展示了超新星爆发抛射出的物质与周围气体和尘埃相遇时发生的相互作用，明亮的粉红色线条和点状结构则是来自恒星本身的物质，包括氧、氩和氖等重元素的混合物。科学家将图中那个绿色的环昵称为“绿巨兽”，以此纪念波士顿芬威公园（波士顿红袜棒球队的主场）的左外场墙。科学家还不清楚这个环代表什么以及它为什么会有那样的形态。例如，绿色的环上有很多像是镶嵌上的小型气泡状结构，但他们还不确定这些气泡究竟是什么。

指环星云

又名 M57 或 NGC 6720

所在星座：天琴座

到地球的距离：约 2 500 光年

右图 近红外相机拍摄的指环星云，指环星云是一个行星状星云。天文学家正在观测数据中寻找其复杂形成过程的有关线索。

指环星云是行星状星云的另一个案例。几千年前，一颗恒星走向死亡并转变成红巨星。在大约 50 亿年后，我们自己的恒星——太阳，也将变成红巨星，它会不断膨胀并吞噬水星、金星甚至地球。当濒死恒星膨胀时，它们的表面温度会从大约 5 600 摄氏度下降到两三千摄氏度。温度的降低会使恒星发出的光向光谱红端移动，因此它们被称为红巨星。

恒星在其一生中的大部分时间里都在发光，直到它们燃料耗尽。当燃料不足时，核聚变过程产生的向外的压力减小，引力将占据主导地位，导致恒星的核心开始坍缩。像太阳这样的普通恒星通常会变成白矮星。白矮星的大小与地球相当，但密度要大得多，并且不会辐射出太多能量。科学家推测，随着时间的推移，白矮星会结晶化，最终成为黑矮星。但这一过程所需的时间可能比宇宙目前的年龄还要长，因此白矮星最终能否变为黑矮星还无法确定。

下图 中红外仪器镜头下的指环星云。

更大质量的恒星可能会以超新星爆发的形式结束其生命，在此过

程中它们的核心先坍缩后爆炸。当这些恒星耗尽所有内部燃料后，它们就失去了抵抗引力坍缩的能力，最终产生的超新星爆发壮观无比，甚至在宇宙的另一端都能看到。在坍缩过程中，这些巨大恒星的体积会缩小，而温度则急剧上升。爆发后的恒星可能会留下一颗中子星（宇宙中最小、最致密的天体之一）或一个黑洞（引力强大到连光都无法逃脱的空间区域）。超新星爆发会形成弥漫星云，这里将成为孕育新恒星的摇篮。

当形成指环星云的那颗恒星走向死亡时，它损失了大部分的质量。每发生一次脉动抛射，它都将大量物质和能量输入周围的星际空间，形成独特的辐射标记。利用近红外相机和中红外仪器，韦布望远镜让科学家用前所未有的角度来观测和研究这个备受关注的行星状星云。

气体团块

在近红外相机所摄的图像中，我们可以看到指环星云的精细结构，特别是其中心位置的高温气体。指环星云因其明亮的指环一样的结构而得名，科学家借助韦布望远镜所摄的照片发现，这个明亮的环是由大约 2 万个致密的分子氢团块组成的，每个团块的大小都与地球相近。在这个环里，存在多环芳烃分子的辐射特征，在指环星云中发现这些对生命非常重要的分子让科学家十分惊讶。近红外相机的图像还显示了星云外侧向外延伸的“尖刺”——有点像一只愤怒的猫身上的毛，这是红外辐射的一个显著特征。有些人认为，由于星云外围受中央恒星辐射的影响较小，因此才能形成某些分子，这些分子最终呈现出这些尖刺结构，但这一理论还需要进一步的证据来验证。

圆环

与近红外相机所摄的图像不同，中红外仪器拍摄的图像向我们展示了指环星云周围涟漪的延伸范围有多广。在左页的图像中，除了指环星云的主体结构，还有多个圆环状结构。计算表明，这些圆环状结构是恒星死亡过程中每隔 280 年发生 1 次的物质抛射所形成的，但这并非一颗孤立恒星坍缩并形成行星状星云时的典型情况。因此，这些围绕着死亡恒星的圆环暗示了附近可能存在另一颗恒星。

星系

星系是宇宙中的巨型系统，由恒星、星际气体、尘埃和暗物质等构成，所有这些物质都由引力束缚在一起。星系有着多种多样的形状，大小也相差很大，关于它们还有很多未解之谜。实际上，我们并不知道宇宙中具体有多少个星系。基于哈勃望远镜的深场数据，科学家估计可观测宇宙中有 1 000 亿—2 000 亿个星系，而平均每个星系中都可能包含多达 1 000 亿颗恒星。

星系按形态可分为 3 个主要类型：椭圆星系、旋涡星系和不规则星系。椭圆星系呈椭球状，在宇宙中很常见，它们所含的气体和尘埃非常少，并且通常不再拥有活跃的恒星形成区。旋涡星系也是一种常见的星系形态，存在活跃的恒星形成区。我们的银河系属于旋涡星系，呈现出经典的由恒星、气体和尘埃组成的扁平盘状形态，并且在盘的中心有一个凸起的核球。不规则星系的外形或结构没有明显对称性，观测发现它们在早期宇宙中更为常见，那时旋涡星系和椭圆星系都还未形成。

还有一种值得一提的星系类型——矮星系，它们相对于其他几种星系来说个头较小，通常只包含几十亿颗恒星。它们经常围绕着较大的星系运行，比如我们的银河系周围就有至少十几个这样的矮星系，其中就包括了大麦哲伦云和小麦哲伦云——当我身处南半球的晴朗夜空时，它们是我最喜欢观测的天体。

左图　作为“近邻星系高角分辨率物理学”项目的成员设备，2024 年 1 月，韦布望远镜公布了 19 个距离银河系较近的、正面朝向我们的旋涡星系的照片（左图是原始照片的一部分），揭示了宇宙中星系的奇妙多样性。

人马座 C

所在星系：银河系

到地球的距离：约 26 000 光年

上图 这张由近红外相机拍摄的恒星形成区人马座 C 位于我们银河系的中心区域，图中闪耀的恒星大约有 50 万颗。

第 156—157 页的图像展示了万花筒般华丽的景象，就像我们的宇宙后花园。人马座 C 位于我们银河系家园的核心地带，这是一个非常活跃的恒星形成区，靠近银河系中心的超大质量黑洞——人马座 A*（Sgr A*）。

在这幅韦布望远镜拍摄的照片中，一个巨大的青色云团非常引人注目，这是一个由电离氢组成的巨型云团，也是存在恒星形成活动的典型区域。此类区域的形状和结构通常由其中的恒星形成活动所塑造，但在人马座 C 的这幅图像中有一些令人困惑的特征，由此引申出的疑问比它能给出的答案更多。电离氢形成的针状结构在云团内显现，看起来像古人类在洞穴壁上刻画的痕迹。但它们并不均匀，似乎也没有任何特定的模式可循。

黑洞

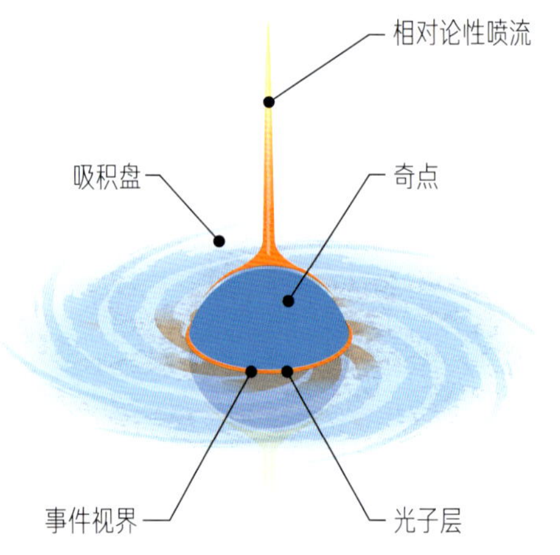

上图 黑洞示意图，奇点隐藏在黑洞中心。

在许多星系（当然也包括我们所在的银河系）的中心，都存在（超大质量）黑洞——一种引力场强到连光也无法逃脱的天体。正因如此，发生在黑洞事件视界内的一切对以电磁波为基础的观测来说都是隐藏起来的。黑洞对附近物质施加的引力强大到难以想象，因此物质在它们附近表现得非常奇怪。黑洞挑战了已知物理定律的极限，并且在测试宇宙学理论时很有用。

普通黑洞（恒星级黑洞）的质量一般为太阳的几倍到几十倍，而超大质量黑洞的质量则是完全不同的量级，其质量可达太阳的 100 万倍甚至 10 亿倍。超大质量黑洞的引力如此之强，以至于能作为星系的枢纽，使数百万甚至数十亿颗恒星以其为中心旋转。我们仍然不确定这些“巨无霸”是如何形成的。它们可能是由多个恒星级黑洞并合而成的，也可能是由原始气体云直接坍缩形成的。

宇宙熔炉

值得指出的是，人马座 C 距离银河系中心的超大质量黑洞仅有大约 300 光年，而在黑洞附近往往会发生有趣的事情，尤其是对于超大质量黑洞而言。这主要是因为黑洞周围的物质都处在压力极大、能量极高和磁场极强的极端物理环境中。换句话说，黑洞附近的环境为恒

上图 银河系中心的多波段合成图像，结合了哈勃望远镜、钱德拉望远镜和斯皮策望远镜的观测数据。

星形成提供了极佳的条件。第 156—157 页这张让人目眩神迷的照片中包含了大约 50 万颗恒星。

由于人马座 C 位于银河系内，距离我们足够近，所以我们可以分辨出其中的单颗恒星，也让我们得以观察恒星从形成、成熟直至最终消亡的生命历程。在第 156—157 页的图像中，一个由原恒星组成的星团在靠右的位置闪烁着红光。在这个星团中，可以看到一些黄色的泡状结构，看起来就像刚刚点燃的烟花。

红外暗云

第 156—157 页的图像中可能还包含比上文提及的原恒星更年轻的原恒星。如果把上文的原恒星团比作黑暗海洋中的暗岛，那么与图像的其余部分相比，可能包含更年轻原恒星的区域看起来几乎是漆黑一片。青色云团右侧就有一个较小的这类区域，如同这片五彩斑斓星空中突然出现的一枚墨迹，它们就是所谓的红外暗云。直到 1996 年我们才知道红外暗云的存在，目前我们只知道它们是分子云内部的低温致密区域，其中的更多谜团仍有待解开。天文学家怀疑在红外暗云中心，隐藏着刚刚成形的恒星胚胎，即处于最早期形成阶段的恒星。这些推测自然让红外暗云变得更加引人入胜，因为对于恒星究竟如何形成、在何处形成以及为什么形成，仍然有很多问题亟待解答。

恒星演化

韦布望远镜拍摄的图像展示了恒星演化的各个阶段，比如早期的原恒星阶段和稳定燃烧、发出明亮光芒的阶段。一些最亮的天体看起来像是漫画中的星星，带有韦布望远镜视野中特有的衍射尖峰。像第 156—157 页这样高分辨率的图像对天体物理学家来说是非常宝贵的财富，为他们了解这些发光天体及其周边环境如何影响它们的起源和演化提供了重要的信息。

NGC 346

所在星座：杜鹃座（一部分位于水蛇座）

到地球的距离：约 210 000 光年

右图 利用近红外相机拍摄的 NGC 346，这个疏散星团位于小麦哲伦云中。

我们通常所说的麦哲伦云包含大麦哲伦云和小麦哲伦云，可以观测到它们离得很近。如同许多可以用肉眼观察到的暗弱天体一样，如果想要观察它们，最好的方法不是直接盯着它们看，而是看向它们附近的某个位置（即所谓的“眼角余光法”）。这样做可以让它们的影像落在视网膜外围区域（视杆细胞较多的区域），而视杆细胞对光线特别敏感，适合用来观测暗弱的对象。对于初次观测的人来说，麦哲伦云看起来就像是天空中的几缕薄薄的云雾。

小麦哲伦云是一个让天文学家着迷的研究对象。按形态分类，它是一个矮不规则星系，这意味着它的规模相对较小，并且不像旋涡星系或椭圆星系那样有典型的形状。它是环绕我们银河系的矮星系之一，包含数亿颗恒星，对于研究恒星形成、星系演化等具有重要价值。

下图 哈勃望远镜拍摄的大麦哲伦云，它是银河系的一个卫星星系。

右图　这个迷人的天区位于小麦哲伦云，图像由来自哈勃望远镜、钱德拉望远镜和斯皮策望远镜的数据合成。

宇宙正午

在宇宙早期，星系主要由氢和氦等简单的原子组成。大爆炸后 20 亿—30 亿年的这个时期，被称为宇宙正午（紧随宇宙黎明），在这个时期，星系中发生了剧烈的恒星形成过程。随着时间推移，恒星死亡并将富含重元素的核心物质抛向广袤的太空。这些重元素进入新一代恒星，这些恒星进而形成了我们今天所见的普通星系，比如银河系。

小麦哲伦云颇具神秘感的原因在于，它的结构和化学成分与宇宙正午时期的那些星系和星团相似，重元素的含量也较低。

第 160—161 页展示的是 NGC 346，这是位于小麦哲伦云中的一个年轻疏散星团。由尘埃和氢元素形成的帷幕在图中占据了显著的位置，新生的恒星和行星则藏匿其中。该图中其实有 2 种不同类型的氢：橙色羽状结构是分子氢（2 个氢原子结合形成的分子形式），而粉色云团是带正电的、未配对的电离氢。橙色区域通常温度极低，这使得它们成为恒星形成的理想场所。图中年轻的恒星在侵蚀周围密集的云团。通过研究其中的恒星形成过程，天体物理学家可以将其与相对晚期宇宙中形成的星系（如我们银河系）中的恒星形成过程进行对比，以观察它们之间的差异以及在宇宙不同时期形成的星系中恒星演化的差异。

SMACS 0723

所在星座：飞鱼座

到地球的距离：40 亿光年

右图 当韦布望远镜的第一幅深场图像于 2022 年 7 月 12 日发布时，它成为当时最深、最清晰的红外宇宙图像，展示了遥远宇宙的情况。在图像的前景中，展现了包含数千个星系的星系团 SMACS 0723。但真正的神奇之处在于背景中那些极其古老的星系，它们发出的光经历了数十亿年的时间才到达地球。

无论从时间上还是从空间上来说，宇宙中最早诞生的那批星系都距离我们十分遥远，因此它们所发出光线的微弱程度是超乎我们想象的。长期以来，受限于观测技术，科学家很难对这些早期的星系进行成像观测，但新一代的望远镜——特别是韦布望远镜，在这方面取得了突破，它们具有前所未有的深场观测能力。

为了捕捉这些古老的信号并收集足够的光线以得出在天文学上有意义的结论，必须进行深场观测。几年前，我遇到了罗伯特·威廉姆斯（Robert Williams），他是位于巴尔的摩的空间望远镜研究所所长。他主持了哈勃望远镜的首次深场观测，随后哈勃望远镜进行了一系列深场观测，也就是后来的哈勃深场项目。在这类深场观测中，望远镜指向天空中的某一特定区域，观测持续时间长达几天而不是通常的几分钟，以便实现长时间曝光。正如普通相机一样，曝光的时间越长，收集到的光子也就越多。

威廉姆斯告诉我，当他首次提出这个想法时，很多人感到震惊。一些人认为，用这种方式来使用一台世界级的望远镜太过浪费，甚至可以说是有些疯癫。各地的科学家对利用哈勃望远镜和韦布望远镜进行观测的需求很强，以至于许多科学家的观测申请都会遭到拒绝，然而威廉姆斯却提议进行为期 10 天的曝光。乍一听更让人难以接受的是，他和他的团队选择观测没有任何已知明亮天体的天区——一片看似空旷的天区。但实际上，一片天区内如果有任何明亮的恒星，都会将遥远宇宙中暗弱天体的信号完全淹没，所以此类观测必须要选择空旷的天区。

这次观测在 1995 年 12 月进行，总共拍摄了 342 张独立的照片。当将这些照片组合起来分析时，它们揭示了所摄星系的距离、年龄和组成。例如，较蓝的星系可能含有更多的年轻恒星或距离我们较近，而较红的星系可能包含更多的老年恒星或距离我们更远。通过这项观测，科学家还推算出了可观测宇宙中星系的数量。

星系的丰富性

哈勃深场项目改变了我们对宇宙的理解，并且后来哈勃望远镜又开展了类似的观测。

鉴于哈勃望远镜留下了颇有价值的深场观测遗产，人们对韦布望

上图 上面的 3 幅图展示的都是星系团 SMACS 0723，从左到右分别由韦布望远镜的中红外仪器、近红外相机和哈勃望远镜拍摄。

远镜的第一幅深场图像寄予厚望，这将是它强大观测能力的实际体现。第 164—165 页的这幅图像由近红外相机拍摄，由不同波长的图像组合而成，是累计 12.5 小时的曝光得到的结果。在我撰写这本书时，这幅深场图像依然是分辨率最高的早期宇宙图像，其中包含了数千个星系，展示了星系在形态、大小和年龄上的多样性。需要注意的是，这只是我们周围非常微小的一片天区。

该图的前景中展示了星系团 SMACS 0723，这是它在 40 亿年前的样子。地球上的我们只能从南半球看到这个星系团，而在太空中运行的韦布望远镜则可以更加自由地捕捉这类天体。图中那些或大或小的明亮椭圆形白斑，正是 SMACS 0723 的成员星系。这幅图像的前景中极其清晰地展现了 SMACS 0723，而在其背景中的新发现同样令天文学家激动无比。

引力透镜

SMACS 0723 中的星系通过引力聚集在一起形成星系团，而星系团中的可见物质和不可见的暗物质产生的引力会使背景天体的光发生弯曲，这种现象称为引力透镜。质量巨大的 SMACS 0723 会放大、扭曲和反射背景天体的光，使其成像。

在这幅深场图像中，你可以在中心明亮星系的两侧看到橙色条纹，它们就是背景天体（这里是背景星系）的像。橙色条纹中的亮核代表星系核心充满了恒星。

右图 这是 SMACS 0723 的一幅局部放大图，从中可以看到如同火焰般的被扭曲的星系的像。

上面这幅图展示了宇宙中星系的多样性，你可以看到橙色的椭圆星系，还有银光闪闪的旋涡星系。图中星罗棋布的星系看起来像发光的宝石，许多星系（比如那些长长的橙色条纹）非常清晰、锐利，你甚至可以看到其中闪闪的小光点，那是星系里的恒星形成区。还有一些星系非常明亮，它们在这幅图里看起来就跟呈现八角星芒的明亮恒星一样。

古老的星系

然而，真正的奇迹是背景中的微小红色斑点。它们在这场引人注目的表演中看起来毫无存在感，但这些斑点里实际上包含了一个迄今为止拍摄到的极其古老的星系。来自那个星系的光经过了 131 亿年的星际旅行才到达韦布望远镜的镜面，然后被镜面反射后送到韦布望远镜的仪器中。

韦布望远镜的近红外光谱仪配备了微快门阵列，可以屏蔽目标天体附近那些明亮天体的强烈辐射的干扰，以便在观测特定目标天体时取得更好的效果。它能在对多达 150 个目标天体进行同步观测的同时，对视场中其他星系的壮观景象“视而不见”。在韦布望远镜观测 SMACS 0723 时，近红外光谱仪的微快门阵列同时观测了 48 个单独的背景星系，并分析了它们的光谱。

光谱分析是一种极其强大的工具，能够详细分解目标天体所发出的不同波长的光。这些数据中包含了目标天体可能产生的辐射信息以及所发生化学反应的信息。某些反应过程会在特定波长处产生暗线，表示这些波长的光被吸收了。如果在观察者和目标天体之间有任何物质——比如尘埃或气体云，这些物质的信息也会在光谱中表现出来，因为这些物质会吸收天体发出的部分辐射。对已知吸收线的分析还可以表明目标天体是否正在远离观察者（红移）或靠近观察者（蓝移）。利用这种技术对韦布望远镜的数据加以分析，我们就可以确定这些天体的年龄。

在下面这幅图像中，你可以看到所观测天体光谱中谱线所遵循的普遍模式：1 个氢峰后跟着 2 个氧峰。根据这些峰的位置（即红移或蓝移的程度）就可以知道星系距离我们有多远。如果那些发射线出现在波长较长的信号中，就表示信号来自更古老的天体，这些星系也就离我们更远。

下图 天体光谱示意图。

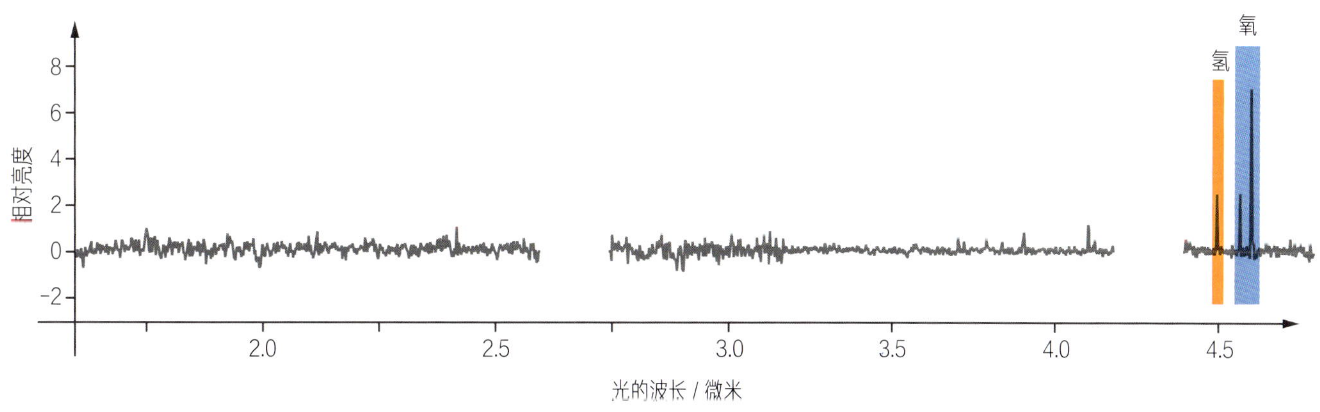

车轮星系

又名 ESO 350-40 或 PGC 2248

所在星座：玉夫座

到地球的距离：约 5 亿光年

右图 这幅车轮星系的图像是由近红外相机和中红外仪器的数据合成的。位于约 5 亿光年外的车轮星系是 2 个星系剧烈碰撞后产生的。

车轮星系有着动荡的历史，这一点从其形态上一览无余。它被称为透镜环状星系，这是相当罕见的一种星系类型。曾经，它只是一个相当普通的旋涡星系，这类星系在宇宙中很常见。但在大约 4 亿年前，它与另一个较小的星系发生了正面碰撞。当这个较小的星系穿过旋涡星系时，碰撞引发的激波在车轮星系中回荡，造就了其独特的结构。虽然车轮星系在分类上是一个“小”透镜环状星系，但实际上它一点也不小——它的直径大约是银河系的 1.5 倍。

韦布望远镜的红外探测器能够透过纷乱的尘埃区，为我们提供有关车轮星系历史上这场灾难性碰撞的新线索，并向我们揭示未来可能会发生什么。第 170—171 页的图像是由近红外相机和中红外仪器的数据合成的。近红外相机的数据根据波长被赋予了蓝色、橙色和黄色，而中红外仪器的数据体现为红色。多年来，包括哈勃望远镜在内的许多望远镜都曾对车轮星系进行过观测，但通过红外观测，韦布望远镜揭示了之前被尘埃遮蔽的许多细节。

双环结构

车轮星系有 2 个环——发光的偏白色的内环和围绕内环的布满恒星的红粉色外环。外环是远古碰撞引发的激波的前沿，已经向外传播了很长时间。在其边缘，气体和尘埃与周围的星际气体碰撞，产生了极高的压力，使这里成为一个有着丰富恒星形成活动和超新星爆发活动的熔炉。在第 170—171 页的图像中，车轮星系的边缘似乎散布着大量恒星。得益于近红外相机的超高精度，我们才能看到这么多的恒星，它们在图中以蓝点和白点呈现。韦布望远镜的高灵敏度也意味着我们可以区分老年恒星区和年轻恒星区，前者的恒星分布更分散，后者的恒星集中在炽热的星团中。

中红外仪器凭借其观测中红外波段的能力，揭示了让车轮星系显得如此特别的尘埃的秘密。构成车轮星系“辐条”的红色尘埃中包含了复杂的分子，如碳氢化合物以及地球上随处可见的硅酸盐尘埃。这些“辐条”构成了车轮星系的骨架，连接着发光的星系中心和充满恒星的边缘。

下图　使用中红外仪器可以观测到车轮星系内的尘埃区和年轻恒星。

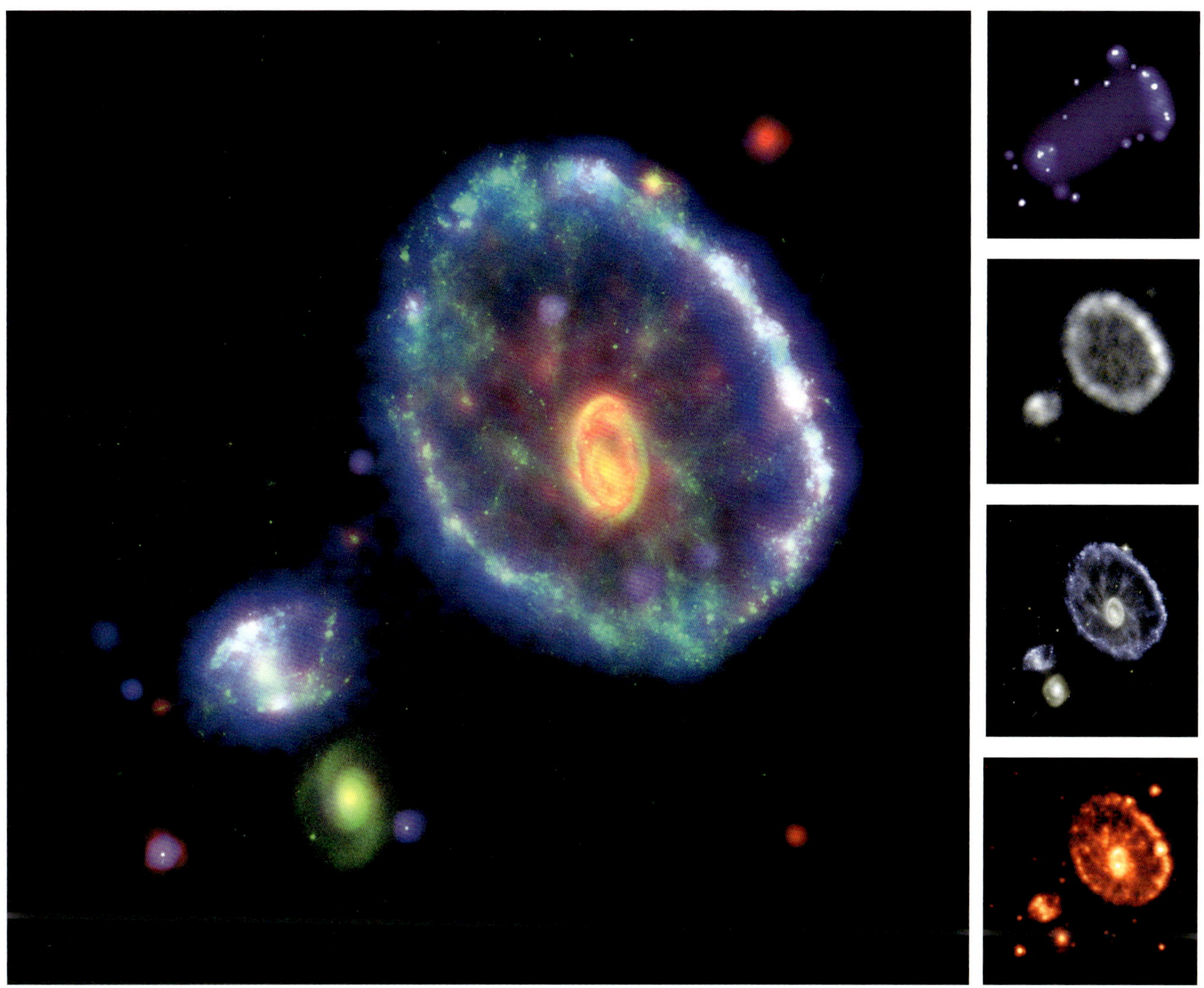

上图 左侧车轮星系的主图是由钱德拉望远镜、GALEX 星系演化探测器(Galaxy Evolution Explorer)、哈勃望远镜和斯皮策望远镜的数据合成的，右侧的小图从上到下依次是这 4 台设备单独拍摄的车轮星系。

另一次碰撞

随着时间的推移，科学家怀疑车轮星系将会恢复原有的旋涡形态，而激波前沿的尘埃和恒星最终将落回星系的中心。事实上，我们已经可以看到它的“辐条”显示出旋涡星系旋臂所特有的弯曲迹象了。

然而，车轮星系有可能再次与附近的星系发生碰撞。实际上，车轮星系是车轮星系群的主导星系，它的周围还有 3 个卫星星系，我们可以在第 170—171 页的图像中看到它们。图像左侧是 2 个旋涡星系，一个好像穿着一条蓝白色的裙子，另一个则像充满了炽热恒星的红色旋涡。在图像右侧，你可以看到一个有着醒目白色旋臂的小小的旋涡星系。

IC 1623

所在星座：鲸鱼座

到地球的距离：约 2.75 亿光年

右图 在这幅图像的中心，2 个星系正在碰撞、并合，掀起了恒星形成的狂潮。

在第 174—175 页的生动图像中，2 个宛如巨人的星系碰撞在了一起。IC 1623 是一对相互作用星系，2 个星系分别名为 VV 114E 和 VV 114W，它们正处于星系并合过程的最后阶段。这 2 个星系的核心相距大约 26 100 光年。

乍听起来，星系并合似乎是一个非常剧烈的过程，但事实上，因为星系中恒星之间的距离非常大，所以真正发生碰撞的恒星极少。在 2 个星系融合的部分，会掀起一阵恒星形成的狂潮。科学家将这种剧烈的恒星形成过程称为星暴。这场碰撞发生在大约 2.75 亿光年之外，其中的恒星形成速率是我们银河系的 20 倍以上。

在第 174—175 页的图像中，可以看到正在进行的恒星形成活动有多剧烈，以至于新恒星产生的辐射呈现出了韦布望远镜视野中极亮天体所特有的八角星芒图案。科学家怀疑这个星系并合过程可能触发了一个新黑洞的形成。

蓝色的星系（VV 114W）像一个在背景中旋转的 S 形，其较长的臂上点缀着点点星光。在图像前景中，另一个星系（VV 114E）的尘埃中心看起来像炼狱中的火焰一般，其中新形成的恒星宛如金色的余

上图 每台望远镜都有其独特的衍射图案。非常明亮的天体在韦布望远镜的观测图像中会呈现 8 个衍射尖峰。

右图　哈勃望远镜拍摄的IC 1623图像。

烃。使用韦布望远镜的数据，科学家在这个星系中识别出了40个恒星形成结点，其中超过四分之一的结点在可见光波段是无法看到的。复杂的有机分子——多环芳烃，遍布整个系统。

不同的视角

第174—175页的图像并不是IC 1623的第一张照片，却是它在红外波段清晰度最高的照片。2个星系的并合会产生大量的尘埃，这使得用普通光学仪器观测时很难看清实际发生的情况。

当我们在不同波段下观测这场星系并合时，会看到截然不同的景象。在上方哈勃望远镜拍摄的图像中，VV 114W占据了中心位置，其蓝白色的、飘逸的丝缕结构在画面中十分显眼，而模糊的VV 114E则像是一个配角。与此形成鲜明对比的是，在第174—175页的图像中，VV 114E像野火一样燃烧，其中的高温气体在韦布望远镜的视野中熠熠生辉。为了生成这幅图像，韦布望远镜使用中红外仪器、近红外光谱仪和近红外相机完成了一项“帽子戏法”，产生了大量的数据，科学家将在未来几年对这些数据进行详尽的研究。

NGC 5584

所在星座：室女座

到地球的距离：约 7 500 万光年

右图 科学家结合哈勃望远镜和韦布望远镜的近红外相机的数据，创建了这张旋涡星系 NGC 5584 的图像。在图中像随意播撒的盐粒一样的恒星中，有一种叫作造父变星的特殊恒星，可以用于测量宇宙中的距离。

上图　美国科学家勒维特。

右页图　哈勃望远镜拍摄到的船尾座 RS 是一颗造父变星，它的体积大约是太阳的 200 倍。

第 178—179 页图中的星系 NGC 5584，看起来就像一团被随意拉扯过的棉絮。它既不是严格的旋涡形态，也不是完全的弥散形态。这种类型的星系有时被称为“絮结旋涡星系”（flocculent spiral galaxy），因为它的旋臂在从明亮致密的核心向外延伸时不是连续的。无数的恒星散落在星系的旋臂上。这幅图像是由韦布望远镜的近红外相机和哈勃望远镜的宽视场相机 -3 合成的。

造父变星

在第 178—179 页的图中可以看到一种特殊的恒星，它们被称为造父变星。“造父”（Cepheid）这个名称源自仙王座（Cepheus），1784 年，约翰·古德里克（John Goodricke）首次在该星座中发现了这种类型的恒星。“变星”这个词指的是这些恒星的亮度会周期性地变化，也就是以有规律的节奏脉动。尽管这种现象早就被发现了，但是直到 1908 年，美国科学家亨利埃塔·斯旺·勒维特（Henrietta Swan Leavitt）才发现了它们的脉动周期与其光度（指天体的实际亮度，也就是其本身的发光能力）的关系。结果表明，造父变星越明亮，其脉动周期就越长，脉动周期与光度的这种关系被称为周光关系或勒维特定律。

造父变星为我们提供了测量数百万光年外遥远星系距离的工具，为我们对宇宙尺度的理解带来了重大突破。我们知道天体的亮度会随着距离的增加而降低（遵循平方反比定律），因此我们可以通过测量地球上观测到的造父变星亮度，并将其与由该造父变星光变周期得到的实际亮度进行比较，进而计算出造父变星的距离。由于我们可以在遥远的星系中发现造父变星，因此便可以测量出我们到该星系的距离。

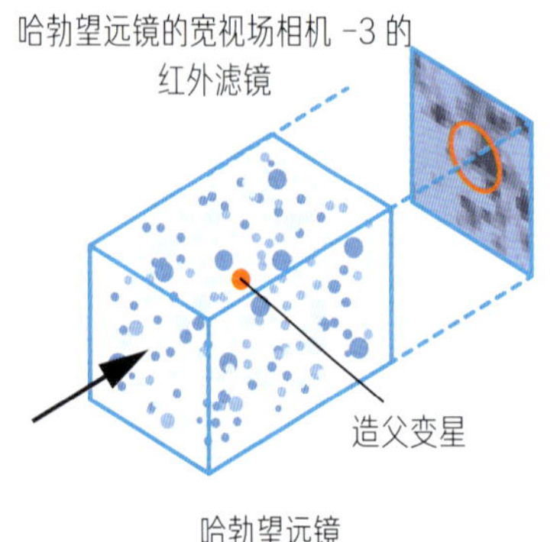

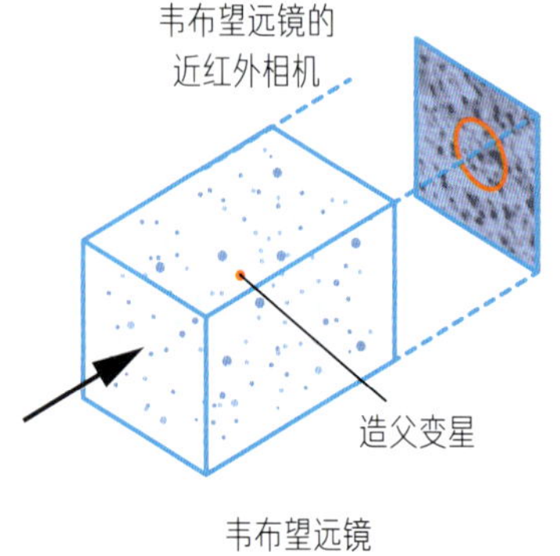

右图　韦布望远镜的高精度使其能够更好地区分造父变星与周围的恒星。

正是因为上述特点，造父变星常被称作宇宙测距的“标准烛光”。测量遥远天体的距离对于解开早期宇宙的秘密尤其重要，但是首先我们要能够准确地甄别造父变星并将其光线从背景天体的光线中剥离出来。造父变星通常隐藏在恒星背景中，被其他恒星的光芒所掩盖，因此很难辨识，这时，韦布望远镜就有了用武之地。在红外光谱中，可以获得造父变星更准确的亮度和位置数据。科学家将造父变星的数据与一种特殊的超新星——Ⅰa 型超新星的数据相结合，这样可以更好地测量距离。

哈勃常数

20 世纪初，埃德温·哈勃（Edwin Hubble）利用光谱分析技术研究了一系列恒星和其他天体的光谱，并总结和发表了他从这些光谱中得到的改变我们对宇宙看法的证据。他发现（实际上之前就有其他人提出了这个观点）：像星系这样的遥远天体，距离我们越远，其退行速度就越大。这一结论现在被称为哈勃－勒梅特定律（Hubble-Lemaître Law），以哈勃和比利时科学家乔治·勒梅特（Georges Lemaître）的名字命名。哈勃的发现表明宇宙在膨胀，而哈勃常数正是描述宇宙膨胀速度的参数，它可以告诉我们一个天体在某个特定距离上的退行速度。但是随着科学家研究的深入，出现了一个令人费解的现象：用不同方法测量得到的哈勃常数不尽相同。

宇宙微波背景辐射

大爆炸后的第一缕光至今仍然弥漫在宇宙中。这种“化石辐射”就像宇宙诞生时所发出“婴儿啼哭声”的回声。20 世纪 60 年代，两位美国射电天文学家罗伯特·威尔逊（Robert Wilson）和阿诺·彭齐亚斯（Arno Penzias）意外地发现了一个现象：一种持续的无线电波嗡鸣信号无处不在。这种古老的信号——我们现在称之为宇宙微波背景辐射，充满了可观测宇宙中的所有空间。

使用标准宇宙学模型拟合宇宙微波背景辐射，可以得到哈勃常数。然而令人疑惑的是，用这种方法得到的哈勃常数（约为 67.4）与通过哈勃望远镜观测造父变星等天体的光谱得到的哈勃常数（约为

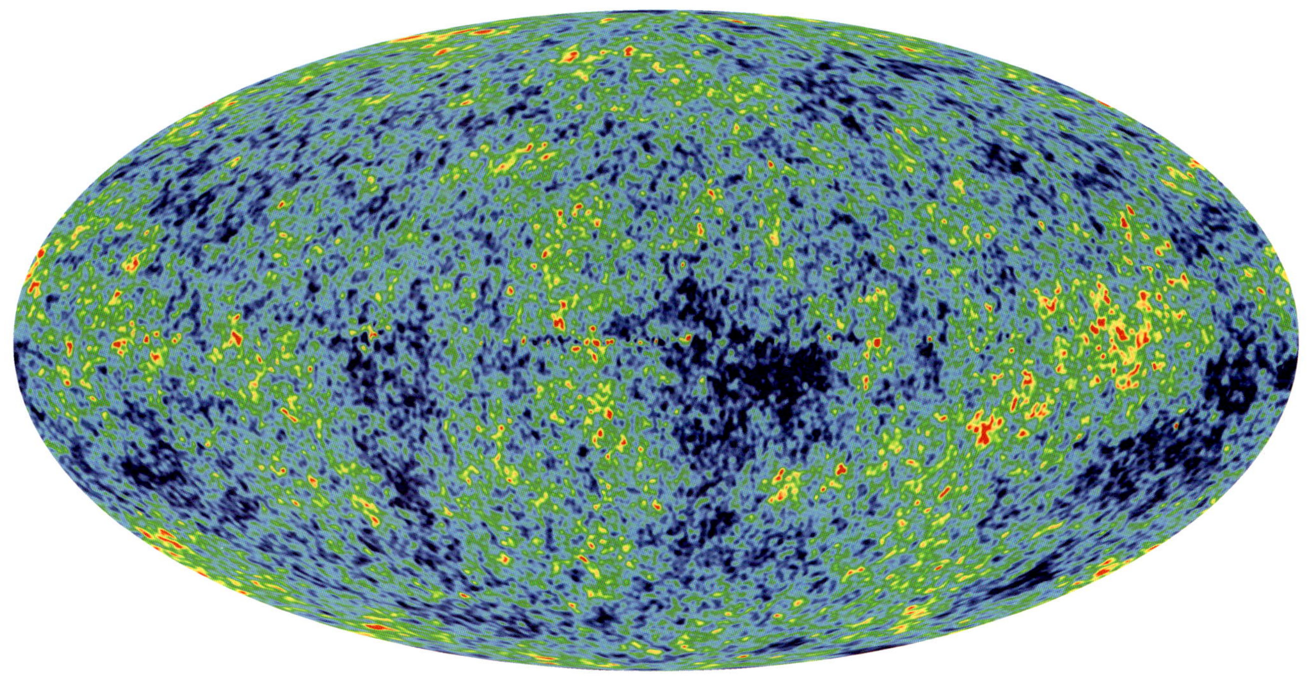

上图 弥漫在整个宇宙中的宇宙微波背景辐射可看作是大爆炸后残留的“化石辐射”。

73）之间存在较大的差异，这种差异被称为哈勃常数争议（Hubble tension）。

精确测定

有研究者认为，随着距离的增加，造父变星的光受到附近恒星的光的污染越来越严重，因此测量造父变星光度时存在较大误差。韦布望远镜升空后，对此提供了更加精确的观测数据，结果与哈勃望远镜的测量结果一致。科学家也不清楚为什么会这样，一些研究人员称，这是宇宙学面临的迫在眉睫的危机。很明显，我们对宇宙基本属性的认识还存在很大的缺失。

幽灵星系

又名 M74 或 NGC 628

所在星座：双鱼座

到地球的距离：约 3 200 万光年

右图　幽灵星系是一个“被完美设计的旋涡星系”。在这幅图像中，中红外仪器展示了幽灵星系壮观而清晰的旋臂结构。

上图 法国天文学家梅西耶出版了一本以他的名字命名的天体目录。

右页图 韦布望远镜和哈勃望远镜拍摄的幽灵星系照片，分别对应左上角和右下角。

幽灵星系因其表面亮度较低而得名，早在 18 世纪的《梅西耶星表》(*Messier Catalogue*) 中就已被收录。《梅西耶星表》是由法国天文学家查尔斯·梅西耶 (Charles Messier) 编制的天体目录。

梅西耶编制这个目录是为了帮助天文学家区分永久性和非永久性天体——尤其是那些容易被误认为是彗星的天体。在那个时代，天文学家对彗星抱有极大的热情，因为给它们命名意味着某种程度上的名垂寰宇，但它们常常被误认为是其他类型的天体，从而引起混淆。

现在的《梅西耶星表》一共编目了 110 个天体，包括星系、星云和星团。这些天体用前缀字母 M 来标识，覆盖了整个天球。一些著名的梅西耶天体包括猎户星云 (M42)、仙女星系 (M31) 和旋涡星系 (M51)。

梅西耶星表中的天体在天文爱好者和天文摄影师群体中很受欢迎，因为它们大多容易观测且非常壮观。幽灵星系相对来说亮度较低，是最难发现的梅西耶天体之一。然而，幽灵星系的暗淡并不是星系本身的固有属性，而是我们的观测视角导致的。幽灵星系正对着我们，这意味着对于地球上的观测者来说，它的亮度会分布在一个较大的视场中。因此，它在小型望远镜的镜头下会非常暗，但如果使用专业设备或空间望远镜，我们就可以详细研究其旋臂和星系中心的结构。在第 184—185 页的图像中，年轻恒星以蓝点表示，可以看到大量新恒星正在明亮的星系核心中形成。

韦布望远镜因为口径大，所以在其他望远镜看来显得模糊的部位，有超强观测能力加持的韦布望远镜却可以轻松分辨其中的细节结构，这种观测能力被称为分辨力。事实上，幽灵星系因其显著的完美旋臂结构而被称为“被完美设计的旋涡星系”，你可以非常容易地看到 2 条结构清晰的弯曲旋臂。韦布望远镜的观测进一步显示，其旋臂是由气体和尘埃构成的花边状骨架所支撑起来的，同时还可以看到骨架内部的结构特征，这些发现让科学家特别兴奋。韦布望远镜对幽灵星系的观测是国际合作项目“近邻星系高角分辨率物理学”的一部分，该项目旨在调查近邻星系的恒星形成区。在第 184—185 页的图像中，你可以看到幽灵星系的旋臂中散布着粉红色和蓝色的小点，这些小点就是恒星形成区。

斯蒂芬五重星系

所在星座：飞马座

到地球的距离：其中的星系 NGC 7320 距离我们大约 4 000 万光年，其他 4 个星系距离我们大约 2.9 亿光年

右图 这张斯蒂芬五重星系的壮丽照片结合了钱德拉望远镜的 X 射线数据与韦布望远镜的红外数据。虽然名为五重星系，但实际上其中只有 4 个星系是彼此相邻的，左侧的第 5 个星系实际上离我们近得多。

在第 188—189 页的照片中，我们可以看到用 2 台望远镜同时观测同一个天体时所产生的魔术般的效果。这张照片是根据韦布望远镜（负责观测红外波段）和钱德拉望远镜（负责观测更高能的 X 射线波段）的观测数据合成的。红外波段的不同波长分别用红色、橙色、黄色、绿色和蓝色表示，X 射线波段则用淡蓝色表示。

从地球上看，斯蒂芬五重星系像是由 5 个星系组成的，但实际上其中有 1 个星系离我们比其他 4 个近得多，它就是照片左侧像彩色螺旋喷雾一样的星系 NGC 7320。这个星系包含分布非常广的电离氢区，新恒星正在其中诞生。其他 4 个星系被称为希克森致密星系群 92（Hickson Compact Group 92），也是人类发现的第一个致密星系群。它们在图中呈现出极其明亮的白斑。顶部的星系 NGC 7319 中心有一个超大质量黑洞，它正在吞噬周围的物质。

有了韦布望远镜的数据，你可以看到其中缕缕尾流状的气体和新恒星绽放出的明亮烟火。钱德拉望远镜视野中的淡蓝色区域是温度高达数百万摄氏度的气体，星系擦肩而过时产生的激波加热了这些气体。

宇宙烟火秀

如果仅使用韦布望远镜的中红外仪器来观察斯蒂芬五重星系，会看到完全不同的景象（如右图所示），它们看起来像是夜空中的一场盛大烟火秀。图中的红色斑点是大型尘埃云，许多这种尘埃云中含有正在形成的恒星，而周围没有尘埃的恒星呈现为蓝色斑点，看起来像是被漆染成蓝色的区域则含有烃分子。

壮观的宇宙舞会

为了得到第 192—193 页的图像，专家使用了从近红外相机和中红外仪器获取的近 1 000 个图像文件，结果证明这样大费周章绝对是值得的。从这幅合成图中我们可以看到数百万颗年轻恒星以及由气体和尘埃形成的亮带，这些亮带在这场宇宙舞会中随着星系的舞步舞动。你还能看到星系直接相互作用所产生的红色和金色“火花”，中红外仪器的数据以更暖的色调呈现，而近红外相机的数据则以蓝白两色表示。人们推测，这场宇宙舞会将以星系并合而告终。

上图 中红外仪器视角下的斯蒂芬五重星系。

综合数据包

韦布望远镜上的探测设备产生了丰富的多波段、多类型观测数据，让科学家经历了一场科学信息大爆炸，其中包含了宇宙中各类天体诞生、爆发、并合及其内部物理过程等的信息。目前的主要挑战之一是如何将这些数据以适当的形式整合起来，便于后续从中提炼出有科学意义的信息，从而更好地理解宇宙中的各种现象。

近红外光谱仪中的积分视场光谱仪就是基于这种考虑而设计的，当然它所做的仅仅是初步的数据整合。该装置将照相机与光谱仪结合，并将它们的观测数据整合成一个综合数据包。

功能强大的积分视场光谱仪将视场分割成多个子视场，并分别生成每个子视场的光谱，从而提升了韦布望远镜从单一天体获取信息的能力。这有点像你有了一张某个国家的详细地图，对地图上标记的每一个地点我们都掌握着额外的信息，比如那个地点的确切温度。光谱数据和空间数据的这种结合有助于科学家理解天体的组成、速度和内部结构。

黑洞的光谱

科学家使用韦布望远镜对斯蒂芬五重星系中最上方的星系 NGC 7319 中心的超大质量黑洞进行了观测，并使用积分视场光谱仪创建了超大质量黑洞的综合数据包。这个综合数据包将星系核心的图像与其光谱特征结合起来，可以看成一个三维数据块，其中包含了每一个点的空间、波长数据以及光谱特征。相比以往的二维图像数据，科学家从这种综合数据包中获得的信息要丰富得多。

左图 使用近红外相机和中红外仪器的观测数据合成的斯蒂芬五重星系照片。

NGC 6822

又名巴纳德星系

所在星座：人马座

到地球的距离：150 万光年

下图 NGC 6822 是距离银河系最近的星系之一。这幅图像是由近红外相机和中红外仪器的数据合成的。

你是否对前文中反复出现的编号 NGC 感到好奇？它其实是 New General Catalogue 这个英文词组的首字母缩写，用以代表《星云星团新总表》(*New General Catalogue of Nebulae and Clusters of Stars*)，这是一个非常著名的深空天体目录。NGC 6822 最初是在 1884 年由美国天文学家巴纳德(Edward Barnard)发现的，因此有时也被称作巴纳德星系。当时，关于它的大小、亮度和其他特征存在很多争议。事实上，它最初被归类为星云。那时候，天文学家还缺乏对应的工具和理论来理解为什么同一个天体在不同的望远镜下看起来不一样。

1925 年，哈勃将 NGC 6822 描述为“第一个明确归属于银河系之外区域的天体”。如今，我们对这个重要的天体有了更多的认识，在被发现后的 100 多年里，天文学家已经对它进行了非常详尽的研究。NGC 6822 直径约为 7 000 光年，没有明确的、规则的形状，属于不规则星系。它是离我们最近的非卫星星系，这意味着其轨道并不是围绕我们银河系的。

NGC 6822 是一个矮星系，仅包含大约 100 万颗恒星，与拥有超

下图　使用中红外仪器数据生成的 NGC 6822 的照片。圈出的区域突显了一个巨型超新星爆发后的残骸。

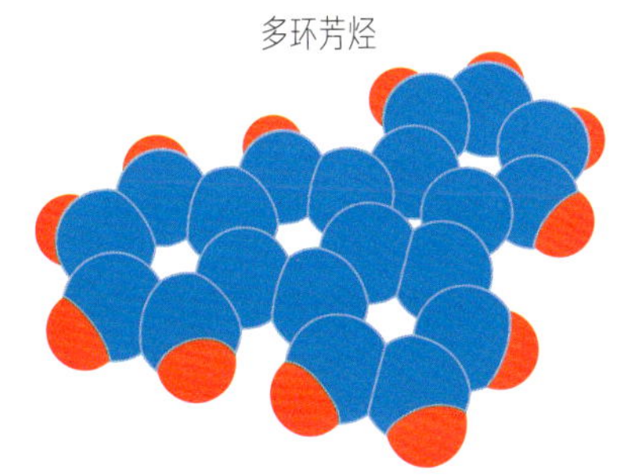

上图　多环芳烃是一种在宇宙中分布很广的有机分子。

过 1 000 亿颗恒星的银河系比起来显得非常小。它和银河系一样，是本星系群的成员，本星系群是一个包括我们银河系在内的星系团。

来自韦布望远镜近红外相机和中红外仪器的图像为我们提供了这个宇宙邻居前所未见的新面貌。重要的是，它们还展示了 NGC 6822 在不同波长下的样子——每种波长都能突显某些特定的天文现象。

尘埃云“内窥镜”

中红外仪器上搭载了对气体发射线特别敏感的探测器，可以看到旋转的白色云团像薄纱一样笼罩在下面的图像中，它们是气体和尘埃的旋涡，超新星爆发则由那些穿透云团的红色和洋红色闪光表示。在靠近下图底部中央的位置有一个像红色牛眼一样的斑块，那是一个巨型超新星遗迹。

下图中偏蓝绿色的色调代表温度较低的尘埃，而偏橙色的色调则表示温度较高的尘埃。多环芳烃在图像中以明亮的蓝色呈现。遥远的星系以温暖的橙色呈现，而含有信号发射尘埃的近邻星系被标记为绿色。

上图　近红外相机视野中的 NGC 6822。这幅图以极其丰富的细节展示了其中的恒星。图中圈出的位置是球状星团。

值得注意的是，中红外仪器的观测揭示了 NGC 6822 以前未被发现的一个有趣特征。虽然所有星系的最主要成分都是氢和氦，而非恒星内部核聚变过程所产生的较重的金属元素（即重元素，见第 45 页解释），但 NGC 6822 的金属丰度比之前的测量结果更低。

现在恒星中所包含的金属元素来自其恒星先辈，因为大质量恒星在死亡时发生的超新星爆发会将核心中的重元素抛向周边的星际介质，随后这些物质又变成了新一代恒星形成的原料。NGC 6822 的这种低金属丰度意味着该区域的恒星可能是第一代恒星，其中不包含前代恒星超新星爆发的抛射物。早期宇宙中的恒星和尘埃也具有较低的金属丰度，这使得 NGC 6822 成为研究恒星与星系的诞生和演化的极佳对象，它也是研究星际尘埃生命周期的绝佳标本。

恒星农场

在上面的图像中，近红外相机的近红外之眼揭示了一个充满恒星的星系。通常情况下，很难透过宇宙中的气体和尘埃旋涡看到其中的恒星，但在上面的图像里，气体和尘埃被弱化了。最短的波长标志着能量最强的信号，用蓝色和青色渲染，这些都是星系中极亮的恒星。

图像下半部分被圈起来的明亮蓝白色球体是一个球状星团，这是一种结构致密、中心聚集度很高、外形呈圆形或椭圆形的星团。图像中较暗的恒星则呈现为橙色和红色。

NGC 7469

所在星座：飞马座

到地球的距离：约 2.2 亿光年

右图 NGC 7469 中心有一个活动星系核。这幅图像由近红外相机和中红外仪器的数据合成。

从这个巨大而明亮的旋涡星系的一端穿越到另一端，就算是光也需要花费 90 000 年的时间。天文学家认为，在这个迷人星系的中心可能存在一个超过 600 万倍太阳质量的超大质量黑洞。在第 200—201 页的图像中，这个黑洞位于星系中心极其明亮的区域。韦布望远镜视野中引人注目的八角星芒图案几乎贯穿了整幅图像，这表示从 NGC 7469 的活动星系核中发出的辐射非常强。活动星系核是位于一些星系中心位置的致密区域，它们发出的信号在电磁波谱上的分布非常广，而正常星系的辐射主要来自其恒星在光学波段的热辐射。

下图 哈勃望远镜拍摄的位于飞马座的旋涡星系 NGC 7331。

黑洞之光

大多数活动星系核的能量来源是超大质量黑洞，这类黑洞是宇宙中最神秘且迷人的天体之一。虽然光线无法从这些“无底洞”里逃脱，但具有讽刺意味的是，它们却是宇宙中最亮的天体之一——或者更准确地说，它们周围的物质是宇宙中最亮的东西之一。黑洞犹如食欲无限的饕餮巨兽，通过吞噬附近的物质（如恒星、尘埃、气体，有时甚至是其他黑洞）来变得更大。被黑洞引力吸引的物质可以在其周围形成吸积盘，类似原恒星周围形成的原行星盘。黑洞边缘的巨大引力能和磁能可以加热吸积盘中的物质，使其落入黑洞。在这种极端条件下，这些物质会发出可以被观测到的辐射，这就是为什么超大质量黑洞本身不发光却显得特别明亮。

奇特的星系

自从在观测中发现 NGC 7469 有一些相当奇怪的特征，几十年来，它一直是天文学家的研究热点。事实上，这个星系连同其邻近的伴星系——IC 5283，被一个名为《特殊星系图集》（*Atlas of Peculiar Galaxies*）的天体目录收录，它们在其中的编号为 Arp 298。NGC 7469 存在几个方面的特殊性，其中一个突出显示在第 200—201 页的图中。就在其明亮的致密核心周围，似乎有一串发光的珍珠环绕，这实际上是星暴形成的环。星暴是星系内部剧烈且异常快速的恒星形成过程，可以由多种因素触发，包括与其他星系的引力相互作用、星系并合或者充沛分子气体源的存在。引力相互作用和碰撞可以压缩星系内的气体云，导致它们坍缩并形成新的恒星。

在 NGC 7469 这个例子中，星系核附近的剧烈恒星形成过程非常显著。就宇宙尺度而言，星系核与星暴区域几乎可以看作是位于同一个位置——仅相隔 1 500 光年。

NGC 7469 被《特殊星系图集》收录的主要原因是它的小个子伴星系 IC 5283，这个伴星系位于第 200—201 页图像的左下方，不过它的大部分被裁剪掉了。天文学家认为 NGC 7469 与 IC 5283 之间的相互作用可能是导致其剧烈恒星形成过程的因素之一，不过他们还需要更多的观测证据才能确认其中的具体情况。

NGC 7496

所在星座：天鹤座

到地球的距离：约 6 000 万光年

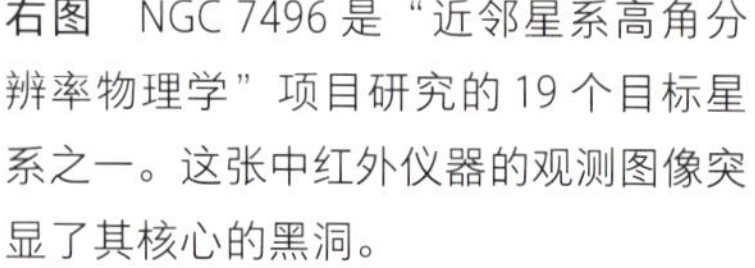

右图 NGC 7496 是“近邻星系高角分辨率物理学”项目研究的 19 个目标星系之一。这张中红外仪器的观测图像突显了其核心的黑洞。

这个在宇宙中旋转的旋涡星系就像老式飞机的螺旋桨一样，它也可以被称为棒旋星系——有棒状结构贯穿核球的旋涡星系。星系中的物质围绕着中心黑洞旋转，我们可以在第 204—205 页图的中心看到从这个黑洞周围发出的光芒。不过目前这只是我们的推测，因为对黑洞进行直接成像是非常困难的。

2019 年，射电天文学家发布了黑洞的首张直接成像图像。尽管科学家早在 1 个多世纪前就根据广义相对论提出了黑洞存在的理论可能

下图 在这张 NGC 7496 的图像中，左下方的红色部分是由韦布望远镜拍摄的，右上方的蓝色部分则是由哈勃望远镜拍摄的，这个旋涡星系在不同望远镜的视野中呈现出截然不同的面貌。

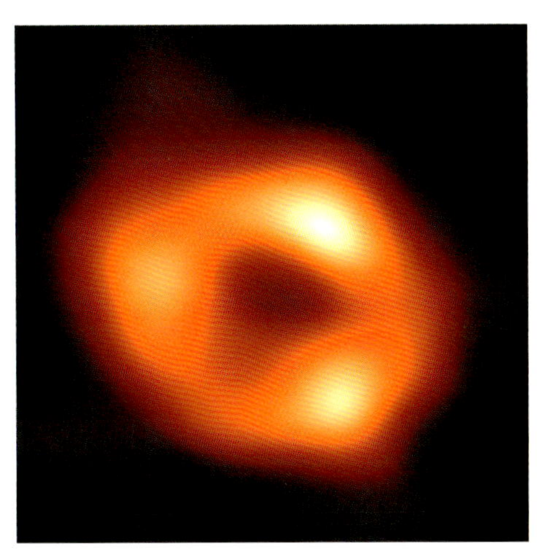

上图 2019 年，事件视界望远镜合作团队发布了人类拍摄的首张黑洞照片，该黑洞位于星系 M87 的中心。

性，但此前关于黑洞存在的所有证据都是间接的。换句话说，科学家只能根据物质在黑洞周围的运动方式来判断星系中心是否存在黑洞。

拍摄黑洞照片的科学家使用的是一个覆盖全球的同步射电望远镜网络——事件视界望远镜。左侧这张神奇的照片展示了位于 M87 中心的超大质量黑洞，M87 是一个距离我们约 5 500 万光年的星系。在图中，你可以看到正在发光的吸积盘——有点像甜甜圈，以及黑洞的边界——事件视界，它是图中间黑暗区域的边缘。

探秘尘埃云

星系的核心是一个动荡的区域，高压、强磁场和极高的温度会激起大量尘埃。这些尘埃遮蔽了这些激动人心的区域中的许多现象，而这正是韦布望远镜大展身手之处。通过中红外仪器，韦布望远镜以前所未有的洞察力观测了 NGC 7496。在第 204—205 页的图像中，你可以看到活动星系核发出的光芒犹如黑暗宇宙中的灯塔一般，其辐射如此强烈，以至于周围出现了韦布望远镜视野中标志性的八角星芒，在图中将其渲染成红色。NGC 7496 的旋臂中充满了空穴，很多都是重叠在一起的。它们是由年轻恒星释放的大量能量造成的，这些能量以星风的形式注入其所在环境的星际介质中，对其产生强烈的冲击，将其中的尘埃等物质吹散。与此同时，这些恒星也在从周围的气体和尘埃中吸积物质。整个星系中弥漫着烟雾一般的丝状尘埃结构。

狩猎恒星

韦布望远镜的高灵敏度和高分辨率使得观测非常年轻的恒星成为可能。作为“近邻星系高角分辨率物理学”项目任务的一部分，科学家正在研究年轻恒星如何影响其近邻区域，并最终对其所在星系的演化产生影响。然而，在这些恒星育婴室中，非常年轻的恒星通常位于对可见光不透明的气体和尘埃云中。得益于韦布望远镜的红外观测能力，现在已经有可能对 NGC 7496 中的一些婴儿恒星进行成像观测了。至本书写成之时，已经在这里确认了 60 个新的星团候选体，其中的恒星可能是这个棒旋星系中最年轻的成员。与此同时，中红外仪器还可以检测多环芳烃，这些物质在星系的旋臂中有明显的富集。

阿贝尔 2744

又名潘多拉星系团

所在星座：玉夫座

到地球的距离：35 亿—40 亿光年

右图 这幅阿贝尔 2744 的图像结合了钱德拉望远镜和韦布望远镜的数据，在画面中还能看到位于星系 UHZ1 中的迄今发现的最遥远的黑洞，UHZ1 的距离比阿贝尔 2744 远得多。

阿贝尔 2744 中发生了如此多的奇异现象，因此它的发现者决定将其命名为潘多拉星系团。这个巨大星系团的形成过程，相当于宇宙高速公路上发生了多个星系团相撞的严重交通事故——至少有 4 个较小的星系团在 3.5 亿年的时间里相互碰撞。第 208—209 页的这幅图像是由钱德拉望远镜和韦布望远镜的数据合成的。图像中的亮紫色代表钱德拉望远镜观测到的炽热气体云，而韦布望远镜的数据则被赋予了红色和蓝色。

阿贝尔 2744 和很多其他星系团一样，可见的星系只占其总质量的一小部分，这个星系团中超过四分之三的质量是暗物质提供的。到目前为止，我们还无法直接观测到暗物质，它是一种理论上存在的物质类型，不会发射、吸收或反射电磁辐射。与黑洞类似，我们通过可见物质和光在暗物质周围的行为方式来推测其存在。

下图 · 左　钱德拉望远镜视野中的阿贝尔 2744。

下图 · 右　韦布望远镜视野中的阿贝尔 2744。

暗星

2023 年，一组科学家报告说，他们使用韦布望远镜探测到了暗星。暗星是一种假想的恒星类型，存在于传统恒星形成前的极早期宇

宙中。这些暗星中至今仍包含大量的普通物质，同时也包含大量的暗物质。它们不是由今天我们熟悉的核聚变过程驱动的，而是由普通物质和暗物质之间的相互作用提供能量的。尽管被称为暗星，但它们可能非常明亮，从而能够被观测到。这是关于早期恒星如何形成的理论之一。利用韦布望远镜探测早期宇宙的能力，有人认为我们看到的一些非常古老的星系实际上可能是暗星。

最古老的黑洞

没有证据表明在第208—209页的这张阿贝尔2744的图像中存在暗星，但图中包含一些同样诱人的发现。由于星系团中的物质（包括普通物质和暗物质）质量极大，存在巨大的引力，因此在这幅图像中存在显著的引力透镜效应。这种引力透镜效应意味着背景中许多彩色星系的距离实际上比图像中显示的要远得多。

为了采集足够多的数据，钱德拉望远镜对阿贝尔2744所在天区的观测时间超过了2周，其中一个特殊的天体引起了天文学家极大的兴趣。它位于背景星系UHZ1的心脏部位，在这张合成图像中十分微小，但它是人类迄今为止观测到的最古老的黑洞。

UHZ1中包含一个类星体，这是一种由超大质量黑洞驱动的极其明亮的活动星系核。最令人兴奋的是UHZ1的年龄，它距离我们超过130亿光年。当UHZ1发出钱德拉望远镜和韦布望远镜正在观测的光时，宇宙大约只有4.7亿年的历史，这意味着在早期宇宙中就已经存在超大质量黑洞了。黑洞的起源，尤其是宇宙中第一批黑洞是如何形成的，仍然是天体物理学中一个悬而未决的问题。它们是否从坍缩的气体云中诞生？还是在最早的恒星坍缩后，从小开始，不断吞噬更多物质甚至包括其他黑洞，然后逐渐长大？

有证据表明，UHZ1中的超大质量黑洞在诞生时，其质量就已经够得上超大质量黑洞的称号了。其初始质量介于1 000万—1亿倍太阳质量之间，与它周围星系中的恒星质量相似。这使得天文学家怀疑它形成于一个超巨型气体云（而非超新星）的坍缩。借助韦布望远镜，我们很可能在未来发现更多古老的黑洞，并增加我们对这些神秘天体的认识。

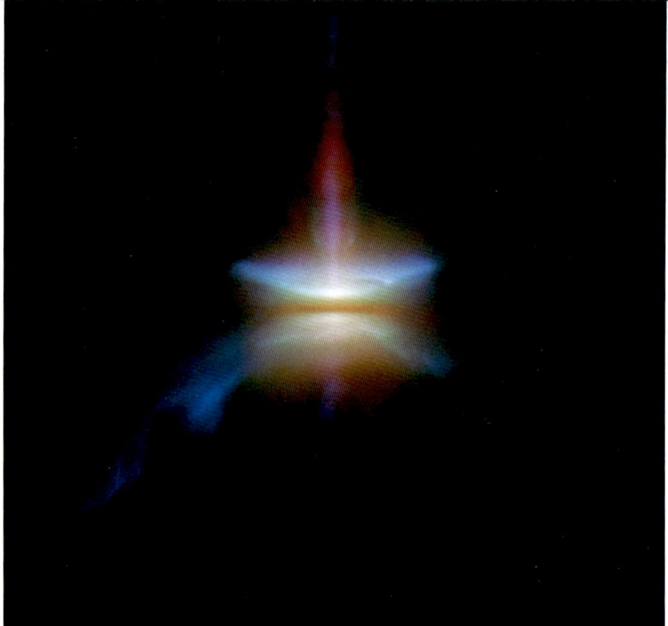

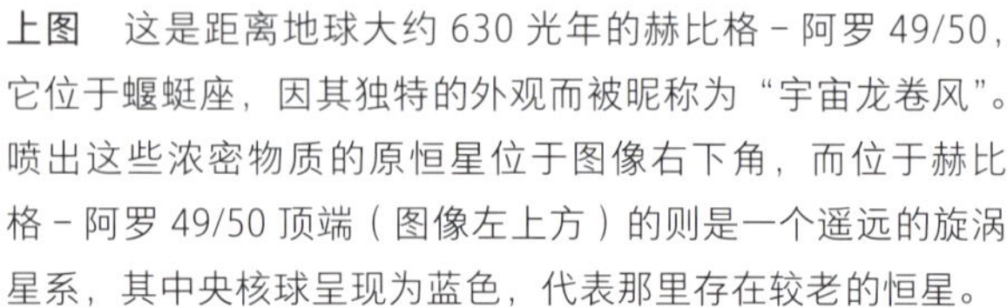

上图 这是距离地球大约 630 光年的赫比格－阿罗 49/50，它位于蝘蜓座，因其独特的外观而被昵称为“宇宙龙卷风”。喷出这些浓密物质的原恒星位于图像右下角，而位于赫比格－阿罗 49/50 顶端（图像左上方）的则是一个遥远的旋涡星系，其中央核球呈现为蓝色，代表那里存在较老的恒星。

右图·上 这个彩色的天体是赫比格－阿罗 30，它环绕着一颗新生的恒星，恒星周围有原行星盘，这里可能正在形成一个“新太阳系”。

右图·中 这是迄今为止最详细的行星状星云 NGC 1514 的图像，星云中心的恒星（实际上有 2 颗）闪耀着明亮的紫色衍射尖锋。黑色的太空背景上点缀着恒星和星系，它们大多呈蓝色和黄色。

右图·下 这里展示的宇宙图像就像一枚戒指，上面镶嵌着 3 颗闪闪发光的“宝石”，这些“宝石”其实是遥远的类星体 RX J1131-1231 因星系的引力透镜效应而形成的像。

本页图片来自欧洲空间局与美国国家航空航天局，均由韦布望远镜拍摄。